Universitätsbibliothek Duisburg

07WDR2552+1$

07-WDR 2552+1

U. Franke

Thermodynamische Prozessanalyse
Ursachen und Folgen der Irreversibilität

Mit 143 Bildern und 5 Tabellen

Berichte aus der Thermodynamik

Ulrich Franke

Thermodynamische Prozessanalyse

Ursachen und Folgen der Irreversibilität

Shaker Verlag
Aachen 2004

Bibliografische Information der Deutschen Bibliothek
Die Deutsche Bibliothek verzeichnet diese Publikation in der Deutschen Nationalbibliografie; detaillierte bibliografische Daten sind im Internet über http://dnb.ddb.de abrufbar.

Copyright Shaker Verlag 2004
Alle Rechte, auch das des auszugsweisen Nachdruckes, der auszugsweisen oder vollständigen Wiedergabe, der Speicherung in Datenverarbeitungsanlagen und der Übersetzung, vorbehalten.

Printed in Germany.

ISBN 3-8322-2835-7
ISSN 0946-0829

Shaker Verlag GmbH • Postfach 101818 • 52018 Aachen
Telefon: 02407 / 95 96 - 0 • Telefax: 02407 / 95 96 - 9
Internet: www.shaker.de • eMail: info@shaker.de

Prof. Dr.-Ing. Ulrich Franke

Geboren 1945 in Sommerfeld (Nd. Lausitz).
Abitur in Schlüchtern (Oberhessen). Studium
des allgemeinen Maschinenbaus an der TH
Darmstadt, Diplom 1969.

Anschließend Wiss. Assistent und
Universitätsdozent am Institut für
für Wärmetechnik der TH Darmstadt.
Promotion 1974.

Industrietätigkeit ab 1975 im Bereich
Kraftwerkstechnik und -planung.

Professor für Thermodynamik ab 1988 an der
FH Flensburg, University of Applied Sciences.

Vorwort:

Jeder Prozess ist irreversibel, und nichts ist Kreislauf. Jedoch ist der Grad der Irreversibilität gestaltbar und wird damit zu einer zentralen Ingenieursaufgabe: „Kampf den Nichtumkehrbarkeiten!", so hat es F. Bošnjaković 1938 formuliert; dieses Motto bleibt dauerhaft aktuell.

In diesem Buch geht es um das Erkennen, Berechnen und Vermeiden (besser: Vermindern) von Irreversibilitäten in technischen Systemen, aufgezeigt an Beispielen aus der Kraftwerkstechnik. Das Buch will kein Lehrbuch sein, vielmehr ein Fachbuch, das unübliche Wege der Prozessanalyse jenseits der Exergiemethode aufzeigt. Kritik ist erwünscht. Nur im kritischen Diskurs können sich die dargestellten Methoden etablieren und weiterentwickeln.

Vorausgesetzt wird das Grundwissen der Technischen Thermodynamik, wie es etwa in den Lehrbüchern von H. D. Baehr [1] und Elsner/Dittmann [2] erfasst ist. Die Exergiemethode, siehe z. B. [3], wird ebenfalls als bekannt vorausgesetzt.

Das Buch ist wie folgt aufgebaut: Die Irreversibilität wird in *Kap. 1* am Auftreten der Prozessgröße Reibungsarbeit festgemacht, die hier bewusst nicht als Dissipationsenergie bezeichnet ist. In *Kap. 2* und *3* wird die Reibungsarbeit über die mit ihr verbundene Entropieerzeugung bewertet. Die Exergiemethode wird in *Kap. 4* nur kurz dargestellt mit dem Ziel, die Unterschiede zu der in *Kap. 5* und *6* ausgebreiteten Entropiemethode aufzuzeigen. Die dargestellte Entropiemethode ermöglicht eine differenzierte Bewertung der Einzelirreversibilität hinsichtlich ihrer Wirkung auf die Effizienz und die Leistungsabgabe bzw. -aufnahme des betrachteten Prozesses, was die Exergiemethode in dieser Klarheit nicht zu leisten vermag. Diese differenzierte Betrachtung von Irreversibilitätsquellen wird in *Kap. 7* genutzt, um die Prozessoptimierung insbesondere hinsichtlich der Strukturoptimierung zu systematisieren. In *Kap. 8* werden Koppelprozesse mit Hilfe der Entropiemethode behandelt, die hier prozessspezifisch anzupassen ist. Die Bewertung der Koppelprodukte erfolgt wesentlich über die Zuordnung der Entropieerzeugung im System; der Systembezug wird im Sinne einer thermodynamisch motivierten Betrachtung streng gewahrt.

Ein neues Fachbuch, das nicht durchgängig kanonisch sein will, hat es grundsätzlich schwer. Um es mit dem großen Arthur Schopenhauer zu sagen:

„Es giebt Gedanken der Menge, welche Wert haben für Den, der sie denkt; aber nur wenige unter ihnen, welche die Kraft besitzen, ... nachdem sie niedergeschrieben worden, dem Leser Anteil abzugewinnen."

Eine Anteilnahme der Fachkundigen an der Weiterentwicklung der Prozessanalyse, dem Herzstück der Technischen Thermodynamik, dies erhofft sich der Verfasser.

Eingestreut in den Text sind relativ willkürlich ausgewählte Gedankensplitter (Intermezzi) kluger Altvorderer über Erkenntnis, Naturwissenschaft und Technik. Sie sollen der positiver Zerstreuung des Lesers dienen, jedoch ohne negative Dissipationseffekte auszulösen.

Flensburg im Februar 2004   Ulrich Franke
                                        (ulrich.franke@fh-flensburg.de)

Thermodynamisches Intermezzo Nr. 0

Friedrich Nietzsche (1844 - 1900)

Im Felde.- "Wir müssen die Dinge lustiger nehmen, als sie es verdienen; zumal wir sie lange Zeit ernster genommen haben, als sie es verdienen." - So sprechen brave Soldaten der Erkenntnis.

Aus: Morgenröte

Inhaltsverzeichnis

Symbolverzeichnis   IX

1 Die Prozessgröße Reibungsarbeit   1

   1.1 Definition der Reibungsarbeit   1
   1.2 Modellhafte Darstellung der Reibungsarbeit   6
     1.2.1 Temperaturausgleich durch Wärmetransport   6
     1.2.2 Druckabbau durch Drosselung   7
     1.2.3 Irreversible Kompression und Expansion   8
     1.2.4 Gasmischung   9
   1.3 Berechnung der Reibungsarbeit   10
     1.3.1 Druckverlust in einer waagrechten Rohrleitung   10
     1.3.2 Expansion in einer Turbine   12
     1.3.3 Isobare Mischung zweier Gasströme unterschiedlicher Temperatur   14
     1.3.4 Mischung unterschiedlicher Gase   15
   1.4 Die Reibungsarbeit im Kreisprozess   16
   1.5 Zusammenfassung   18

2 Entropie und Entropieerzeugung   20

   2.1 Die Entropiegleichung   20
     2.1.1 Allgemeiner Fall (ohne Phasenänderung)   21
     2.1.2 Ideale Gase   22
     2.1.3 Feuchte Luft   23
   2.2 Die Entropiebilanz   25
   2.3 Gleichwertigkeit der Entropieerzeugung   28
   2.4 Zusammenfassung   30

3 Prozesse mit Entropieerzeugung   31

   3.1 Entropieerzeugung im Wärmeaustauscher   31
   3.2 Entropieerzeugung in Drosseln   33
   3.3 Entropieerzeugung im Turbinenprozess   34
   3.4 Entropieerzeugung durch Wärmeleitung   37
   3.5 Entropieerzeugung durch Druckverlust   39
   3.6 Zusammenfassung   42

4 Die Exergiemethode — 43

- 4.1 Der Exergieanteil von Energien — 43
  - 4.1.1 Die Exergie der Wärme — 44
  - 4.1.2 Der Exergienateil der spezifischen Enthalpie und der inneren Energie — 47
  - 4.1.3 Die Exergie der Arbeit des geschlossenen Systems — 49
  - 4.1.4 Die Exergie der Wärmestrahlung — 50
  - 4.1.5 Die Exergie der Brennstoffe — 52
- 4.2 Die Exergiebilanz — 57
- 4.3 Der Zusammenhang Exergie- und Entropiebilanz — 62
- 4.4 Rechenbeispiele zur Exergiebilanz — 64
  - 4.4.1 Dampfkraftprozess als erstes Beispiel — 65
  - 4.4.2 Gasturbinenprozess als zweites Beispiel — 66
- 4.5 Zur exergetischen Systematik von Brennstoffen — 68
- 4.6 Zusammenfassung — 73

5 Die Entropiemethode als Effizienzanalyse — 75

- 5.1 Grundgleichungen der Entropiemethode — 75
  - 5.1.1 Arbeitsprozesse — 75
  - 5.1.2 Kälteprozesse — 76
  - 5.1.3 Wärmepumpenprozesse — 79
  - 5.1.4 Gütegrade von Kreisprozessen — 81
  - 5.1.5 Zur thermodynamischen Mitteltemperatur — 82
- 5.2 Anwendung der Entropiemethode auf Kreisprozesse — 86
  - 5.2.1 Anwendung „Gasturbinenprozess" — 86
  - 5.2.2 Anwendung „Dampfkraftprozess" — 89
  - 5.2.3 Anwendung „Kälteprozess" — 91
  - 5.2.4 Anwendung „Wärmepumpen-Prozess" — 93
- 5.3 Anpassung der Entropiemethode auf Stoffwandelprozesse — 97
  - 5.3.1 Thermodynamische Modellierung des Stoffwandelprozesses — 97
  - 5.3.2 Anwendung auf einen Prozess mit innerer Verbrennung und Vergleich mit der Exergiemethode — 107
  - 5.3.3 Thermodynamische Brennstoffbewertung — 112
- 5.4 Zusammenfassung — 117

6 Die Entropiemethode zur Leistungsanalyse — 120

- 6.1 Grundgleichungen zur Leistungsanalyse — 121
  - 6.1.1 Leistungsbezogener Gütegrad — 124
  - 6.1.2 Zur Ermittlung der Wirktemperatur — 125

Thermodynamische Prozessanalyse VII

6.1.3	Zur Festlegung des ideales Vergleichsprozesses	129
6.2	Anwendung der Leistungsanalyse auf Kreisprozesse	130
6.2.1	Anwendung „Gasturbinenprozess"	131
6.2.2	Anwendung „Dampfkraftprozess"	132
6.2.3	Anwendung „Kälteprozess"	133
6.2.4	Anwendung „Wärmepumpen-Prozess"	134
6.3	Zusammenfassung	135

7 Thermodynamische Prozessoptimierung 137

7.1	Eingrenzung des Optimierungsproblems	137
7.2	Strukturoptimierung	141
7.2.1	Zur Verbesserung des Carnotfaktors	142
7.2.2	Zur „Methode der partiellen Befragung"	145
7.3	Anwendung „GDT-Prozess"	146
7.4	Zusammenfassung	151

8 Thermodynamik der Koppelprozesse 153

8.1	Wärmekraftkopplung (KWK)	154
8.1.1	Bewertungsmethoden	154
8.1.1.1	Bewertungsmethode „Eigenreferenz"	155
8.1.1.1a	Exemplarische Anwendungen	162
8.1.1.2	Bewertungsmethode „Zerlegung in virtuelle Teilprozesse"	173
8.1.1.2a	Exemplarische Anwendung	176
8.2	Wärme/Wärme-Kraftkopplung (WWK)	178
8.2.1	Bewertungsmethoden	178
8.2.1.1	Bewertungsmethode „Eigenreferenz"	179
8.2.1.1a	Exemplarische Anwendung	182
8.2.1.2	Bewertungsmethode „Zerlegung in virtuelle Teilprozesse"	187
8.2.1.2a	Exemplarische Anwendung	188
8.3	Zusammenfassung	191

Literaturverzeichnis 193

(Auf einen **Index** wird verzichtet, da die Schlüsselwörter vorteilhaft über das Inhaltsverzeichnis aufgesucht werden können.)

Symbolverzeichnis

Zeichen

Symbol	Einheit	Bedeutung
A	-	Carnotfaktor
AZ	-	Arbeitszahl
B	-	entropisches Irreversibilitätselement
C	-	exergetisches Irreversibilitätselement
c	m/s	Geschwindigkeit
c_p	kJ/kg K	wahre spez. Wärmekapazität
c_{pm}	kJ/kg K	mittl. spez. Wärmekapazität
D	m	Durchmesser
E	kJ	Energie
E_{ex}	kJ	Exergie
E_{an}	kJ	Anergie
$\dot{E}$	kJ/s	Energiestrom
$\dot{E}_{ex}$	kJ/s	Exergiestrom
e	kJ/kg	spez. Energie
e_{ex}	kJ/kg	spez. Exergie
e_{an}	kJ/kg	spez. Anergie
EBW	-	exergetischer Brennstoffwert
G	K	Grädigkeit
g	-	Gütegrad
g	m/s^2	Erdbeschleunigung
$\dot{H}$	kJ/s	Enthalpiestrom
h	kJ/kg	spez. Enthalpie
Hu	kJ/kg	Heizwert
Ho	kJ/kg	Brennwert
HZ	-	Heizzahl
KZ	-	Koppelzahl
L	m	Länge
M	kg/kmol	Molmasse
m	kg	Masse
$\dot{m}$	kg/s	Massenstrom
P	kW	Leistung (mechanische)
p	bar	Druck
p_U	bar	Umgebungsdruck
Q	kJ	Wärme
$\dot{Q}$	kJ/s	Wärmestrom
q	kJ/kg	spez. Wärme

Thermodynamische Prozessanalyse

$\dot{q}$	kJ/s m²	Wärmestromdichte
R	kJ/kg K	spezielle Gaskonstante
R, r	m	Radius
r	kJ/kg	spez. Verdampfungswärme
Re	-	Reynolds-Zahl
S	kJ/K	Entropie
$\dot{S}$	kJ/s K	Entropiestrom
s	kJ/kg K	spez. Entropie
T	K	absolute Temperatur
T_U	K	absolute Umgebungstemperatur
t	s	Zeit
U	kJ	Innere Energie
u	kJ/kg	spez. Innere Energie
V	m³	Volumen
v	m³/kg	spez. Volumen
W	kJ	Arbeit des geschlossenen Systems
W_N	kJ	Nutzarbeit des geschlossenen Systems
W_R	kJ	Reibungsarbeit
W_V	kJ	Volumenänderungsarbeit
$\dot{W}_R$	kJ/s	Energiestrom über Reibungsarbeit
w	kJ/kg	spez. Arbeit des geschlossenen Systems
w_a	kJ/kg	spez. Arbeit der äußeren Kräfte
w_N	kJ/kg	spez. Nutzarbeit
w_R	kJ/kg	spez. Reibungsarbeit
w_t	kJ/kg	spez. technische Arbeit
w_V	kJ/kg	spez. Volumenänderungsarbeit
X	-	Irreversibilitätselement (leistungsbezogen)
x	kg/kg	Wassergehalt (feuchte Luft)
x	kg/kg	Dampfgehalt von Nassdampf
x	m	Ortskoordinate
z	m	Höhe
Y	kW	Leistungsdifferenz
y	kJ/kg	spez. Arbeitsdifferenz
Z	-	Irreversibilitätselement (Z=B/A)
$\alpha, \beta, \gamma, \delta$	-	dimensionslose Größe
ε	-	Emissionsverhältnis
$\varepsilon_{KM}, \varepsilon_{WP}$	-	Leistungszahl (Kältemaschine, Wärmepumpe)
Δx	...	Differenz von x
η_{ex}	-	exergetischer Wirkungsgrad
η_{pol}	-	polytroper Maschinenwirkungsgrad

η_{th}	–	thermischer Wirkungsgrad
η_{ST}, η_{SV}	–	isentroper Turbinen-, Verdichterwirkungsgrad
Θ	–	Temperaturverhältnis
ϑ	°C	Temperatur
λ	W/mK	Wärmeleitkoeffizient
σ	W/m²K⁴	Boltzmann-Konstante
σ	–	Stromkennziffer
τ, τ_W	N/m²	Schubspannung, Wandschubspannung

Indizes (soweit häufig verwendet)

Index	Bedeutung
ab	Abgabe
aus	Austritt
B	Brennstoff
D	Dampf
E	Effizienz
ein	Eintritt
fL	feuchte Luft
GT	Gasturbine
ges	gesamt
H	Heizung
HD	Hochdruck
HT	Hochtemperaturwärme
irr	irreversibel
Kon	Kondensation
L	Luft, Leistung
m	mittel
max	maximal
min	minimal
ND	Niederdruck
NT	Niedertemperaturwärme
q	bedingt durch Wärme
R	Reibung, Rauchgas
S, s	isentrop, gesättigt
str	Strahlung
T	Turbine
U	Umgebung
V	Vergleichsprozess
Verd	Verdampfung
verl	Verlust

W	Wasser
Z	zwischen
zu	Zufuhr

1 Die Prozessgröße Reibungsarbeit

Der Reibungsarbeit kommt in der Technischen Thermodynamik eine besondere Bedeutung zu, da sie als Ursache der Irreversibilität erkannt wird. In den nachfolgenden Abschnitten wird ihre Erscheinungsform aufgezeigt und ihre grundsätzlich negative Wirkung verdeutlicht.

1.1 Definition der Reibungsarbeit

Die Reibungsarbeit ist Teil der Systemarbeit, die, wie jede Arbeit, als inneres Produkt von Kraft mal Verschiebung definiert ist. Auch die Reibungsarbeit muss somit diesem Ansatz genügen, d. h. als Arbeit erkennbar sein.

In der Technischen Thermodynamik ist es üblich, die Arbeit angepasst für geschlossene und offene Systeme zu formulieren.

Geschlossene Systeme:

Die spezifische Systemarbeit des geschlossenen und bewegten Systems ist durch folgende Gleichung gegeben:

$$w_{12} = w_{V12} + w_{a12} + w_{R12} \qquad (1.1)$$

mit

$w_{V12} = -\int_{1}^{2} p \cdot dv$ als spezifische Volumenänderungsarbeit,

$w_{a12} = 1/2 \cdot (c_2^2 - c_1^2) + g \cdot (z_2 - z_1)$ als spez. Arbeit der äußeren Kräfte,

w_{R12} als spez. Reibungsarbeit.

Häufig können geschlossene Systeme als ortsfest behandelt werden, sodass die äußeren Kräfte keinen Arbeitsbeitrag erbringen. Ein solches System wird in Abb. 1.1 betrachtet. Über den bewegten Kolben wird dem System (Prozessraum innerhalb der angegebenen Systemgrenze) Volumenänderungsarbeit zu- oder abgeführt sowie über die drehende Welle Wellenarbeit zugeführt. Die Volumenänderungsarbeit ist korrekt mit dem mittleren Druck am Kolben p* zu bilden, der durch einen gasdynamischen An- oder Abstaueffekt größer (bei Kompression) bzw. kleiner (bei Expansion) als der Gleichgewichtssystemdruck p sein wird. Die so gebildete Volumenänderungsarbeit w*$_{V12}$ unterscheidet sich damit von der in Gl. (1) definierten Volumenänderungsarbeit w_{V12}, in die der Gleichgewichtsdruck p als Koeffizient eingeht.

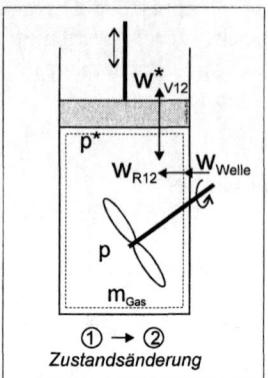

Abb. 1.1 Geschlossenes System in symbolischer Darstellung

Da es üblich und zweckmäßig ist, nur den Gleichgewichtsdruck p in den Arbeitsgleichungen zu verwenden, wird die absolute Differenz zwischen w^*_{V12} und w_{V12} als zugeführte Reibungsarbeit (über einen gedanklichen Schaufelradprozess) modellhaft erfasst. Sie geht damit als Energieanteil nicht verloren, Abb. 1.2.

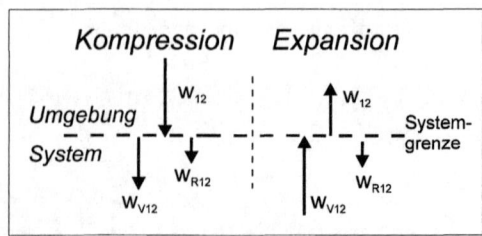

Abb. 1.2 Einführung der Reibungsarbeit bei irreversibler Kompression und Expansion

Reibungsarbeit kann auch direkt zugeführt werden, wie in Abb. 1.1 dargestellt. Die zugeführte Wellenarbeit wird vom System als Reibungsarbeit

Die Prozessgröße Reibungsarbeit 3

aufgenommen. Die zugeführte Reibungsarbeit im dargestellten Kontext kann somit gedanklich aus zwei Teilen bestehen, aus einem direkten (über einen realen Schaufelradprozess) und einem über Modellbildung gefundenen Teil (gedanklicher Schaufelradprozess).

Reibungsarbeit kann dem System (über Wellenarbeit) nur zugeführt werden und ist im strengen Sinn Arbeit, die die Systemgrenze, geschnitten durch die Welle des tatsächlichen oder modellhaft vorgestellten Schaufelrades, überschreitet. Aus diesem Grunde wird der synonyme Begriff *Dissipationsenergie* hier nicht verwendet, siehe auch [4]. Sein Gebrauch wäre mit einem Verlust an Anschaulichkeit verbunden. Der Begriff Reibungswärme als Synonym für Reibungsarbeit ist ungeeignet, da der thermodynamische Hintergrund verfälscht würde. Reibungsarbeit wird als Arbeit und nicht als Wärme aufgenommen, wenn auch die Wirkung der Reibungsarbeit identisch der einer gleich großen aufgenommenen Wärme ist. Es besteht beim Auftreten der Reibungsarbeit im Gegensatz zur Wärme jedoch keine temperaturbedingten Restriktionen; Reibungsarbeit kann im Gegensatz zu Wärme unter allen Systembedingungen zugeführt werden.

Die besondere Bedeutung der Reibungsarbeit liegt darin, dass sie den „dissipativen Sprung" anzeigt, der die Nichtumkehrbarkeit oder Irreversibilität des ablaufenden Prozesses besiegelt. Die Reibungsarbeit wird als Ursache der Irreversibilität erkannt; dies ist noch zu vertiefen.

Mit Gl. (1.1) ist die Arbeit des geschlossenen Systems gefunden. Wird dieses System unter Einschluss der Umgebung (mit dem Umgebungsdruck p_U) zu einem Gesamtsystem erweitert, so kann die Arbeit an der Kolbenstange, die als Nutzarbeit bezeichnet wird, angegeben werden, siehe Abb. 1.3. Die Nutzarbeit ergibt sich als Produkt der Kräfte und Verschiebungen am (reibungsfrei gleitenden) Kolben:

$$w_{N12} = -\int_1^2 (p^* - p_U^*) \cdot dv = (w_{12} + w_{R12})_{System} + \left[\int_1^2 p_U^* \cdot dv\right]_{Umgebung} \quad (1.2)$$

Man erkennt, dass auch die spez. Verschiebearbeit an der Umgebung grundsätzlich irreversibel sein wird, da an der Außenseite des Kolbens ebenfalls nichtumkehrbare (gasdynamische) Druckeffekte ($p_U^* \neq p_U$) auftreten werden. Häufig wird folgende Vereinfachung vorgenommen:

$$\int_1^2 p_U^* \cdot dv = (p_U \cdot (v_2 - v_1) + w_{R12,Umgebung}) \approx p_U \cdot (v_2 - v_1) \quad .$$

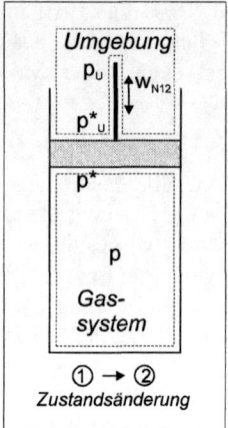

Abb. 1.3 Zur Arbeit an der Kolbenstange (Nutzarbeit)

Soll die Reibungsarbeit $w_{R12,\text{Umgebung}}$ im Rahmen der Energiebilanz berücksichtigt werden, so ist diese Prozessgröße nicht mit $w_{R12,\text{System}}$ zusammenzufassen; die eine erhöht (ohne erkennbare Wirkung) die innere Energie der Umgebung, die andere (mit erkennbarer Wirkung) die innere Energie des betrachteten Systems. Von der spez. Nutzarbeit w_{N12}, die als Arbeit an der Kolbenstange verstanden wird, ist noch die Arbeit der mechanischen Reibkräfte (z. B. die Reibung zwischen Kolben und Zylinderwand) zu- oder abzuziehen. Dies ist ein Gegenstand der Technischen Mechanik und wird hier nicht weiter behandelt.

Offene Systeme

In einem offenen System wird die Systemgrenze durch einen oder mehrere Stoffströme $\dot{m}$ geschnitten, siehe Abb. 1.4. Über eine drehende Welle möge die Leistung $P_{12} = \dot{m} \cdot w_{t12}$ zu- oder abgeführt werden mit w_{t12} als spezifischer technischer Arbeit.

Die Prozessgröße Reibungsarbeit 5

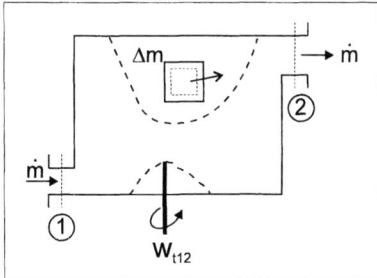

Abb. 1.4 Offenes System in symbolischer Darstellung

Diese für das offene System relevante Arbeit berechnet sich wie folgt:

$$w_{t12} = W_{12}/\Delta m + p_1 \cdot v_1 - p_2 \cdot v_2. \quad (1.3)$$

Sie ergibt sich aus den Arbeitsbeträgen am strömenden Element Δm als geschlossenem bewegtem System nach Gl. (1.1) sowie der spez. Einschubarbeit ($p_1 \cdot v_1$), die <u>am</u> System und der spez. Ausschubarbeit ($p_2 \cdot v_2$), die <u>vom</u> System zu erbringen ist. Nach einfacher Umformung ergibt sich die bekannte Gleichung für die spez. technische Arbeit, die die spez. Reibungsarbeit w_{R12} als Bestandteil enthält.

$$w_{t12} = \int_1^2 v \cdot dp + w_{R12} + 1/2 \cdot (c_2^2 - c_1^2) + g \cdot (z_2 - z_1). \quad (1.4)$$

Gemäß Herleitung bleibt die Bedeutung der Reibungsarbeit unverändert. Man kann sie sich wiederum modellhaft als zugeführte Schaufelradarbeit vorstellen. Am Massenelement Δm nach Abb. 1.4 werden im Strömungsfeld Kräfte angreifen, die das Element gegen die Zähigkeitskräfte verformen. Dieser Arbeitsbetrag entspricht der Reibungsarbeit, siehe auch Abschn. 1.3.1. (Die Modellierung dieses je nach Strömungsform sehr komplizierten Teils der Energiewandlung über einen Schaufelradprozess, bei dem Arbeit zugeführt, diese jedoch vom geschlossenen System als Reibungsarbeit aufgenommen wird, ist für die Komponentenauslegung häufig zu pauschal, im Rahmen der hier zu behandelnden Prozessanalyse jedoch zielführend.)

1.2 Modellhafte Darstellung der Reibungsarbeit

Prozesse sind irreversibel, wobei der Grad der Irreversibilität sehr unterschiedlich sein kann. Eine gute Prozessführung ist durch einen geringen Irreversibilitätsgrad gekennzeichnet. Für den reversiblen Prozess als Grenzfall ist dieser Null.

Nachfolgend werden Prozesse behandelt, bei denen es sich um den irreversiblen Abbau von Temperatur-, Druck- und Konzentrationspotentialen geht. Damit ist ein großer Teil der Prozesse der Energietechnik angesprochen. Es wird aufgezeigt, dass als Ursache der Irreversibilität jeweils die Reibungsarbeit erkannt wird, die sich als zugeführte Schaufelradarbeit modellhaft darstellen lässt.

1.2.1 Temperaturausgleich durch Wärmetransport

In Abb. 1.5 (oben) werden zwei Systeme 1 und 2 betrachtet, die im Wärmeaustausch stehen. Im Zeitintervall dt wird die Wärme dQ aufgrund der Temperaturverhältnisse ($T_1 > T_2$) und der herrschenden Bedingungen an der Berührstelle (gemeinsame Systemgrenze) übertragen.

Der Ersatzprozess, Abb. 1.5 (unten), ist durch eine differentielle gedankliche Carnotmaschine gekennzeichnet, die zwischen die Systeme 1 und 2 geschaltet ist. Die getauschte Wärme dQ wird von der Carnotmaschine bei der Temperatur T_1 aufgenommen und bestmöglich in Arbeit dW gewandelt. Die Abwärme dQ_{ab} wird bei der Temperatur T_2 an das System 2 übertragen. Die Arbeit $dW = (1 - T_2/T_1) \cdot dQ$ mit $(1-T_2/T_1)$ als Carnotfaktor tritt im Realprozess nicht auf. Sie ist eine potentielle Arbeit, die als Reibungsarbeit vom System 2 aufgenommen wird und damit als Energie im Gesamtsystem verbleibt.

Die Arbeitsaufnahme denke man sich modellhaft über einen Schaufelradprozess verwirklicht, wie in der Abb. 1.5 angedeutet. Das Auftreten der Prozessgröße Reibungsarbeit ($dW_R = -dW$) wird als Ursache dieses irreversiblen Prozesses erkennbar, obwohl im Realprozess ein physikalischer „Reibeffekt" nicht auftritt.

Die Prozessgröße Reibungsarbeit

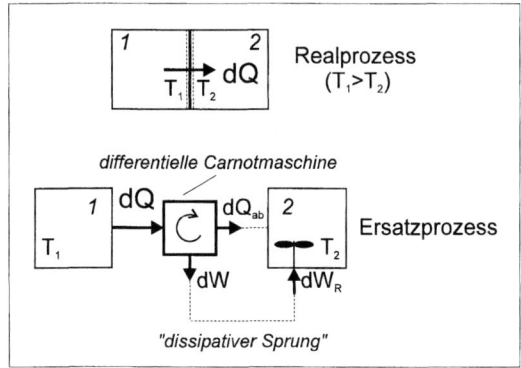

Abb. 1.5 Zum Wärmeübertragungsprozess

1.2.2 Druckabbau durch Drosselung

Es wird in Abb. 1.6 (links) der differentielle Druckverlust dp in einem Rohrstück der Länge dx betrachtet, der aufgrund der Zähigkeit des strömenden Mediums und des sich einstellenden Geschwindigkeitsprofils immer auftreten wird.

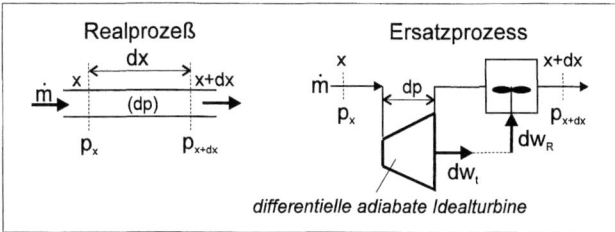

Abb. 1.6 Zum Druckverlust in einer Rohrleitung

Im Ersatzprozess, Abb. 1.6 (rechts) wird eine ideale Turbine (isentroper Turbinenwirkungsgrad $\eta_{ST}=1$) eingeführt, die aus der Druckdifferenz dp die maximale Arbeit dw_t wandelt, welche jedoch im Realprozess nicht auftritt, somit als Reibungsarbeit $dw_R=-dw_t$ im System „stecken bleibt". Würde die so erkannte

Reibungsarbeit Null werden, träte kein Druckverlust auf, und der betrachtete Strömungsprozess verliefe reversibel.

1.2.3 Irreversible Kompression und Expansion

Die Irreversibilität der Kompression und Expansion in Turbomaschinen, wie in Abb. 1.7 dargestellt, entspricht den Verhältnissen in geschlossenen Systemen, siehe auch Abb. 1.2 Die zugeführte technische Arbeit wird irreversibel aufgenommen (Kompression, Abb. 1.7 links) bzw. irreversibel abgegeben (Expansion, Abb. 1.7 rechts).

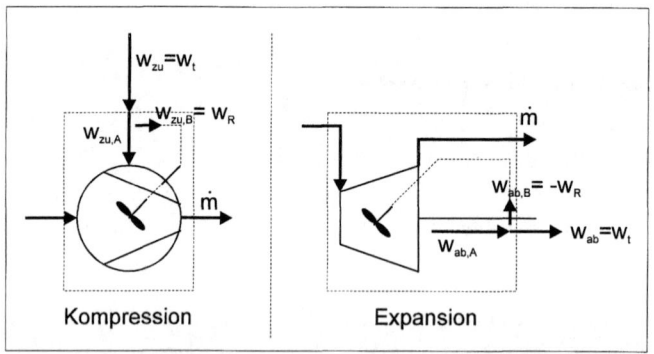

Abb. 1.7 Zur irreversiblen Kompression und Expansion im offenen System

Über die Modellierung wird die auftretende Reibungsarbeit sichtbar, die als zugeführte Energie im System verbleibt. Die Arbeiten $w_{zu,A}$ und $w_{ab,A}$ werden als reversibel aufgenommene bzw. abgegebene Energiebeträge gedeutet und das irreversible Geschehen über die auftretenden Reibungsarbeiten w_R korrekt erfasst. Diese Reibungsarbeiten sind über den Kompressions- bzw. Expansionsverlauf aufsummierte Größen und die (integrale) Ursache des irreversiblen Prozessverlaufs. In ihnen verbergen sich die Einzelverluste einer Turbomaschine, die wiederum von einer Vielzahl von Geometrie- und Strömungsparametern abhängen.

1.2.4 Gasmischung

Es wird der Mischungsprozess zweier Gase A und B betrachtet. Anfänglich sind die Gase getrennt, wobei Anfangsdruck und -temperatur in beiden Räumen identisch sein sollen, Abb. 1.8 (links). Durch Aufziehen der Trennwand erfolgt die irreversible Durchmischung.

Über einen Ersatzprozess wird die Irreversibilität am Auftreten der Reibungsarbeit erkennbar. Die beiden modellhaft vorgestellten Kolben seien semipermeabel, so dass eine reversible Expansion des Gases A vom Anfangsdruck p_{A1} auf den Enddruck p_{A2} (Partialdruck) denkbar ist, Abb. 1.8 (rechts). Für Gas B erfolgt die Expansion entsprechend. Die Arbeiten $W_{A,12}$ und $W_{B,12}$ entsprechen hier den Arbeiten an der Kolbenstange, also den Nutzarbeiten, da der wirksame Gegendruck auf der jeweiligen Kolbenaußenseite Null ist. Im Realprozess erscheinen diese Nutzarbeiten nicht; sie werden als Reibungsarbeiten vom Gesamtsystem aufgenommen. Die Zufuhr der Reibungsarbeiten kann man sich wiederum über einen gedanklichen Schaufelradprozess, wie in Abb. 1.8 angedeutet, vorstellen.

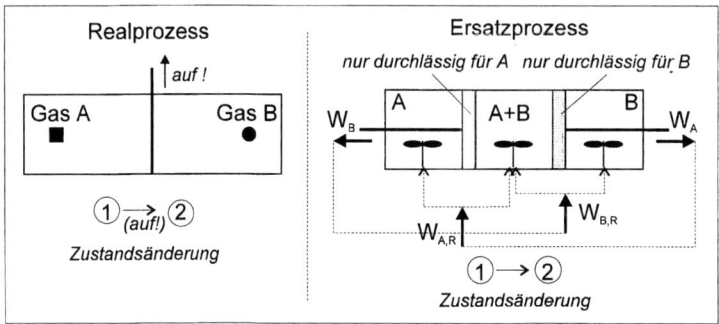

Abb. 1.8 Zur irreversiblen Durchmischung zweier Gase

1.3 Berechnung der Reibungsarbeit

Wie in Abschnitt 1.2 gezeigt, ist die Reibungsarbeit als zugeführte Schaufelradarbeit modellhaft darstellbar und damit als Prozessgröße klar definiert und berechenbar. Nachfolgend werden beispielhaft folgende Fälle betrachtet:

Berechnung der Reibungsarbeit

      1.) bei einer Strömung mit Druckverlust,
      2.) bei der Expansion in einer Turbine,
      3.) bei der Mischung von gleichartigen Gasen unterschiedlicher Temperatur,
      4.) bei Mischung unterschiedlicher Gase gleicher Temperatur.

1.3.1 Druckverlust in einer waagrechten Rohrleitung

Es wird der Fall nach Abb. 1.6 erneut aufgegriffen. Ein Medium strömt in einem waagrechten Rohr konstanten Querschnitts. Dann wird sich auf einer Rohrlänge dx ein Druckverlust dp ergeben, der je nach Strömungsbedingung unterschiedliche Werte annimmt. Wie in Abb. 1.6 bereits gezeigt, lässt sich die Irreversibilität dieses Prozesses am Auftreten der Reibungsarbeit festmachen. Die Reibungsarbeit ist über Gl. (1.4) leicht berechenbar, siehe auch [5]. Wird ein inkompressibles Fluid unterstellt, so ergibt sich mit $w_{t12}=0$ kJ/kg, $c_2=c_1$ und $z_2=z_1$ die Reibungsarbeit in differentieller Form zu $dw_R = -v \cdot dp$. Geht man vom Ersatzprozess gemäß Abb. 1.6 rechts aus, so ist die Arbeit der differentiellen Turbine dw_t absolut gleich der auftretenden differentiellen Reibungsarbeit dw_R. Nach Gl. (1.4) kommt man zum bereits gefundenen Ergebnis: $dw_R = -dw_t = -v \cdot dp$. Diese Ergebnis ist gemäß Herleitung unabhängig von der vorliegenden Strömungsform.

Es soll nun der Strömungsvorgang im Detail betrachtet werden. In Abb. 1.9 ist ein Fluidteil als differentielles Ringelement mit der Länge dx und der Dicke dr dargestellt, das sich mit der Geschwindigkeit c(r) bewegt. Die Strömungsform sei laminar, so dass das Geschwindigkeitsprofil bekannt ist:

Die Prozessgröße Reibungsarbeit

$c(r) = c_{r=0} \cdot (1 - r^2/R^2)$ mit $c_{r=0} = c_{max} = 2 \cdot c_{mittel}$.

Das parabolische Geschwindigkeitsprofil kommt durch die Zähigkeit des Mediums zustande und der Bedingung, dass das Medium an der Wand (r = R) haftet. Es bildet sich ein lineares Schubspannungsprofil τ(r) aus (siehe auch Darstellung in Abb. 1.9), mit der maximales Schubspannung τ_W an der Rohrwand und einer verschwindenden Schubspannung in der Rohrmitte: $\tau(r) = \tau_W \cdot r/R$. Aus Gründen des Kräftegleichgewichts am strömenden Kreiszylinderelement (Radius R, Länge dx) muss gelten: $\tau_W = -R/2 \cdot dp/dx$.

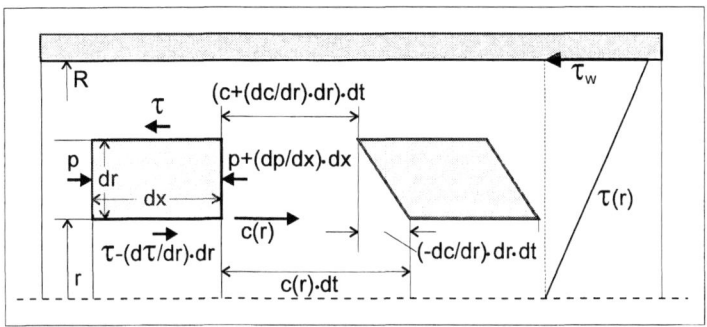

Abb. 1.9 Verformung eines strömenden Massenelementes

Das Fluidteil hat am unteren Rand im Zeitschritt dt den Weg ds=c(r) · dt, am oberen Rand einen dem Geschwindigkeitsprofil entsprechenden kürzeren Weg zurückgelegt. Das Element hat sich verformt, also Gestaltänderungsarbeit aufgenommen. Die Gestaltänderung kommt durch die Wirkung des „Kräftepaares" der Schubspannung τ am oberen und unteren Rand des Ringelementes zustande. (Die Differenz der Schubspannungen zwischen oberem und unterem Rand wirkt als „Schleppkraft" und leistet somit keinen Beitrag zur Elementverformung.) Die Gestaltänderungsarbeit entspricht identisch der auftretenden Reibungsarbeit. Über die Gestaltänderungsarbeit wird keine rückholbare potentielle „Federenergie" gespeichert, es wird vielmehr die innere Energie des verformten Fluidelementes erhöht, der gleiche Prozess, der bei Zufuhr von Reibungsarbeit über einen modellhaften Schaufelradprozess ablaufen würde.

Nachfolgend soll anhand von Abb. 1.9 auf analytischem Wege aufgezeigt werden, dass die differentielle Gestaltänderungsarbeit dw_G den bereits ermittelten Wert für die differentielle Reibungsarbeit $dw_G = dw_R = -v \cdot dp$ annimmt.

Die differentielle Gestaltänderungsarbeit (= Reibungsarbeit) ergibt sich aus dem Ansatz [Kraft] · [Weg]:

$$d^3 W_R = [\tau(r) \cdot 2\pi \cdot r \cdot dx] \cdot [(-dc/dr) \cdot dr \cdot dt].$$

Mit $d^2 \dot{W}_R = d^3 W_R / dt$ und unter Verwendung der Kontinuitätsgleichung $\dot{m} = \pi \cdot R^2 \cdot c_{mittel} \cdot 1/v$ findet man das Differential der spezifischen Reibungsarbeit $d^2 w_R = d^2 \dot{W}_R / \dot{m}$, das unter Verwendung der angegebenen Ausdrücke für die Schubspannungsverteilung, für die Wandschubspannung und für das Geschwindigkeitsprofil geschlossen über den Radius integriert werden kann. Man findet, wie bereits unterstellt:

$$dw_R = \int_{r=0}^{r=R} d^2 w_R \cdot dr = -v \cdot dp, \text{ (q.e.d.)}.$$

1.3.2 Expansion in einer Turbine

Die Reibungsarbeit in einer Expansionsmaschine ist in Abb. 1.7 über einen Schaufelradprozess dargestellt. Diese Darstellung wird für eine differentielle Teilturbine in Abb. 1.10 übernommen. Der Stoffstrom $\dot{m}$ expandiert vom Eintrittszustand (T, p) auf den Austrittszustand (T+dT, p+dp); es tritt die differentielle Reibungsarbeit dw_R auf. Diese Arbeit kann zur Definition eines Gütegrades der Maschine herangezogen werden. Die isentrope technische Arbeit der Maschine ist $dw_{ts} = v \cdot dp$, wobei eine etwaige Änderung der kinetischen Energie des Stoffstroms unberücksichtigt bleiben soll. Die tatsächlich abgegebene Arbeit ist $dw_t = v \cdot dp + dw_R$. Der Wirkungsgrad der differentiellen Teilturbine kann nun wie folgt definiert werden: $\eta_{ST,diff} = dw_t / dw_{ts}$. Unterstellt man, dass dieser Wirkungsgrad für den gesamten Expansionsverlauf Gültigkeit haben soll, so ist der polytrope Wirkungsgrad gefunden: $\eta_{pol} = \eta_{ST,diff}$. Aufgelöst nach der Reibungsarbeit ergibt sich: $dw_R = -(1/\eta_{pol} - 1) \cdot dw_t$.

Die Prozessgröße Reibungsarbeit 13

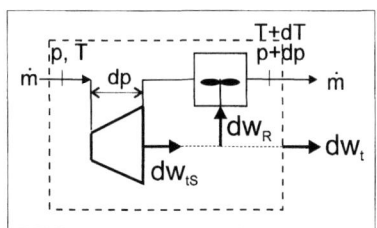

Abb. 1.10 Differentielle Turbine

Bei Vorgabe eines polytropen Wirkungsgrades kann somit unmittelbar von der technischen Arbeit auf die Reibungsarbeit geschlossen werden. In Abb. 1.11 wird der Expansionsverlauf in einer adiabaten Gasturbine bei Vorgabe zweier polytropen Turbinenwirkungsgrade (0,84 und 0,71) angegeben. Die zugeordneten isentropen Wirkungsgrade für die Gesamtmaschine η_{sT} (0,9 und 0,8) sind mit aufgeführt. Gemäß Herleitung wird die Güte einer Turbine unter unterschiedlichen thermodynamischen Randbedingungen mit dem polytropen Wirkungsgrad η_{pol} besser als mit dem isentropen Wirkungsgrad $\eta_{sT} = \Delta h/\Delta h_s$, der allein über die Zustandspunkte vor und nach der Turbine definiert ist, charakterisiert. Der isentrope Wirkungsgrad hat jedoch den Vorteil der einfachen Anwendbarkeit und damit eine eingeschränkte Berechtigung.

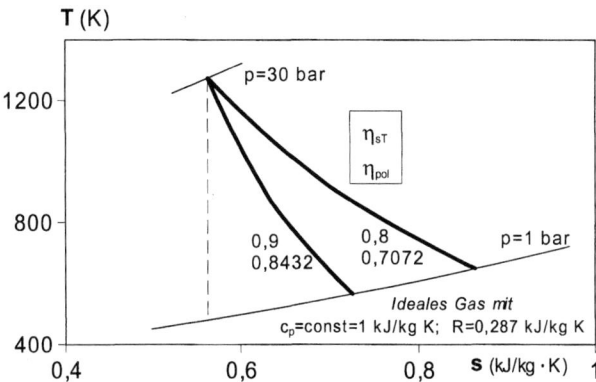

Abb. 1.11 Expansionsverlauf bei Vorgabe eines polytropen Wirkungsgrades

1.3.3 Isobare Mischung zweier Gasströme unterschiedlicher Temperatur

Es werden gemäß Abb. 1.12 zwei Gasströme gleicher Gasart und unterschiedlicher Temperatur (T_{A0}>T_{B0}) gemischt; es ergibt sich die Mischungstemperatur T_{C0}. Dieser elementare Prozess kann wie folgt modelliert werden. Es wird ein gedanklicher Wärmetransport von der heißen Seite A auf die kältere Seite B angesetzt, so dass sich ein Temperaturgang T_A der heißen Seite von T_{A0} auf T_{C0} und ein Temperaturgang T_B der kälteren Seite von T_{B0} auf T_{C0} ergeben. Zwischen der wärmeabgebenden und wärmeaufnehmenden Seite werden differentielle Carnot-Maschinen geschaltet, die die getauschte Wärme bestmöglich in Arbeit wandeln, die dann als Reibungsarbeit vom System aufgenommen wird, siehe auch die Darstellung in Abb. 1.5.

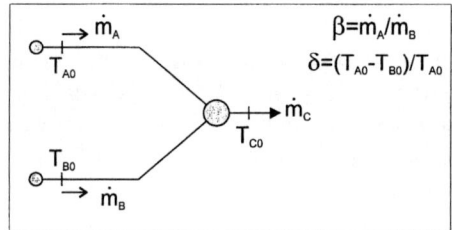

Abb. 1.12 Isobare Mischung bei gleicher Gasart

Der differentielle Reibungsarbeitsstrom errechnet sich aus dem getauschten Wärmestrom multipliziert mit dem Carnotfaktor:

$$d\dot{W}_R = -d\dot{Q}_A \cdot (1 - T_B/T_A) \; .$$

Die differentielle spezifische Reibungsarbeit $dw_R = d\dot{W}_R / (\dot{m}_A + \dot{m}_B)$ kann unter Verwendung der in Abb. 1.12 definierten Parameter β und δ über den Temperaturgang geschlossen integriert werden, sofern das Stoffmodell des idealen Gases mit konstanter wahrer spezifischer Wärmekapazität c_p unterstellt wird. Man findet mit $\Delta T = T_{A0} - T_{B0}$:

$$w_R / (c_p \cdot \Delta T) = \beta/(\beta+1)^2 \cdot \left[1 - \beta - (\beta^2 - 1 + \delta)/\delta \cdot \ln(1 - \delta/(\beta+1)) \right] \; .$$

Die dimensionslose Reibungsarbeit ist somit eine Funktion von β und δ. In Abb. 1.13 wird die Gleichung für die Reibungsarbeit graphisch ausgewertet. Die beim Mischungsprozess auftretende Reibungsarbeit ist ursächlich für die auftretende Irreversibilität. Betrachtet man die Reibungsarbeit in Abhängigkeit vom Parameter $\delta = \Delta T / T_{A0}$, so ist eine Mischung bei gegebenem ΔT umso ungünstiger, je niedriger die Temperatur T_{A0} ist. Diese bekannte Tatsache wird über die Entwicklung der Prozessgröße Reibungsarbeit nach Abb. 1.13 bestätigt.

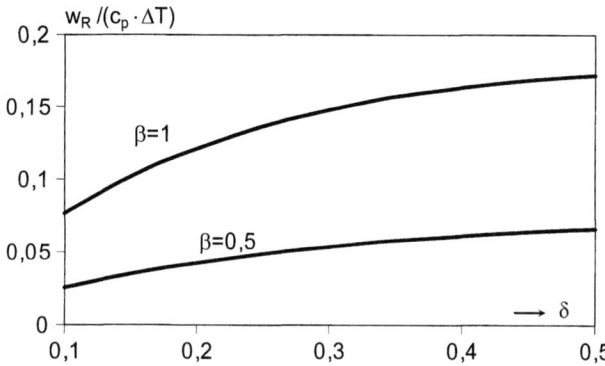

Abb. 1.13 Zur Reibungsarbeit bei isobarer Mischung von Gasströmen unterschiedlicher Temperatur

1.3.4 Mischung unterschiedlicher Gase

Der Gasmischprozess nach Abb. 1.8 wird erneut betrachtet, um die auftretende Reibungsarbeit zu berechnen. In Abb. 1.14 ist der Mischprozess in geänderter Darstellung zu sehen. Die Mischung wird als Drosselung der Einzelgase A und B von ihren Ausgangsdrücken p_A und p_B auf ihre Partialdrücke p_{Ai} und p_{Bi} in der Mischung erfasst.

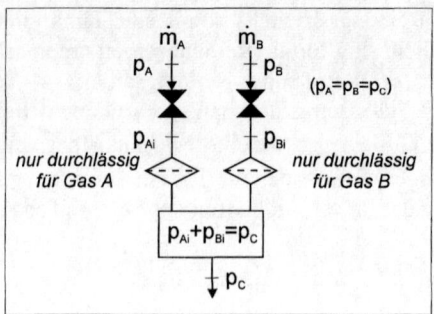

Abb. 1.14 Mischung zweier Gase A und B

Nach Gl. (1.4) wird die spezifische Reibungsarbeit $w_R = -\int v \cdot dp$ des Einzelgases in der Drossel - nur dort tritt sie im Rahmen der Modellierung auf - grundsätzlich berechenbar. Unterstellt man das Stoffmodell des idealen Gases, so findet man für den Fall nach Abb. 1.14 bei gleichen Eingangstemperaturen $T_A = T_B$ das bekannte Ergebnis:

$$\dot{W}_R = -\dot{m}_A \cdot R_A \cdot T_A \cdot \ln(p_{Ai}/p_A) - \dot{m}_B \cdot R_B \cdot T_B \cdot \ln(p_{Bi}/p_B) \ .$$

1.4 Die Reibungsarbeit im Kreisprozess

Es wird ein rechtsdrehender Kreisprozess nach Abb. 1.15 betrachtet. Die Wärme wird bei der thermodynamischen Mitteltemperatur $T_{m,zu}$ zu- und die Abwärme bei $T_{m,ab}$ abgeführt. Der Zustandverlauf könnte im Sinne einer theoretischen Betrachtung durch eine Abfolge reversibler Teilprozesse oder auch irreversibler Teilprozesse verursacht sein.

Die Prozessgröße Reibungsarbeit 17

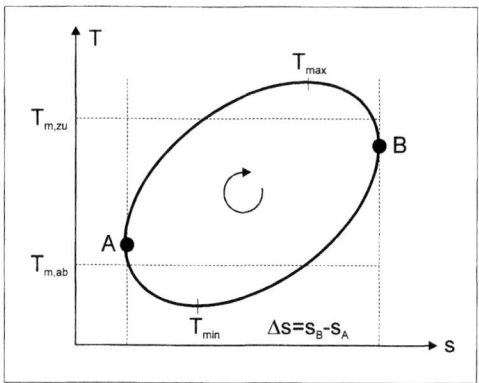

Abb. 1.15 Kreisprozess im T,s-Diagramm

Im reversiblen Falle nähme der Thermische Wirkungsgrad den Wert $\eta_{th,rev} = 1 - T_{m,ab}/T_{m,zu}$ an; im irreversiblen Falle den Wert

$$\eta_{th} = 1 - |q_{ab}|/q_{zu} = 1 - \frac{\left|\int_B^A T \cdot ds - w_{R,BA}\right|}{\int_A^B T \cdot ds - w_{R,AB}} = 1 - \frac{T_{m,ab} \cdot \Delta s + w_{R,BA}}{T_{m,zu} \cdot \Delta s - w_{R,AB}} \quad \text{an.}$$

Hierbei ist die spezifische Reibungsarbeit $w_{R,BA}$ der Anteil an der Gesamtreibungsarbeit $\sum w_R$, der auf dem Wege vom Zustandspunkt B nach A auftritt; für $w_{R,AB}$ gilt das entsprechende. Es kann nun ein Irreversibilitätsmaß $\gamma = (\eta_{th,rev} - \eta_{th})/\eta_{th,rev}$ definiert werden. Mit $\gamma=0$ ist der reversible Fall und mit $\gamma=1$ der vollirreversible Fall mit $|q_{ab}| = q_{zu}$ angesprochen. Unter Verwendung folgender dimensionsloser Größen

$$\alpha = T_{m,ab}/T_{m,zu} \; ; \quad \beta = \sum w_R / (T_{m,zu} \cdot \Delta s); \quad \delta = w_{R,AB}/\sum w_R$$

kann das Irreversibilitätsmaß γ wie folgt umgeformt werden:

$$\gamma = \frac{1/(1-\alpha) - \delta}{1/\beta - \delta} \quad .$$

Die Größe β ist die dimensionslose Gesamtreibungsarbeit, die Größe δ definiert die Verteilung der Reibungsarbeit entlang des Zustandsweges. Für δ=1 würde beispielsweise die Gesamtreibungsarbeit nur auf dem Weg von A nach B, also bei zunehmender Entropie, anfallen. In Abb. 1.16 ist die Gleichung für γ ausgewertet.

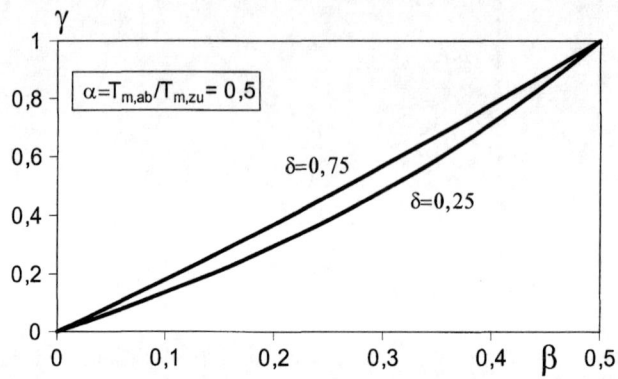

Abb. 1.16 Das Irreversibilitätsmaß γ für einen rechtsdrehenden Kreisprozess in Abhängigkeit der Parameter β und δ

Man erkennt insbesondere an der Abhängigkeit von δ, dass die Verteilung der Reibungsarbeit im Prozess auf die Irreversibilität, hier erfasst durch das Irreversibilitätsmaß γ, von großer Bedeutung ist. Eine anfallende Reibungsarbeit bei hoher Systemtemperatur ist weniger schädlich als bei niedriger Temperatur. Die Wirkung der Reibungsarbeit ist somit von den Systembedingungen abhängig.

1.5 Zusammenfassung

Für energietechnische Prozesse ohne Stoffwandlung, diese sind Gegenstand der Betrachtung, liegt die Ursache der immer vorhandenen Irreversibilität im Auftreten der Reibungsarbeit infolge der einzeln oder in Kombination auftretenden irreversiblen Grundprozesse Drosselung, Mischung und Wärmetransport bei endlicher Temperaturdifferenz. Es wird gezeigt, dass die Reibungsarbeit als die Arbeit des Schaufelradprozesses veranschaulicht werden kann; sie ist damit leicht berechenbar.

Die Prozessgröße Reibungsarbeit 19

Die irreversible Wirkung der Reibungsarbeit liegt darin, dass eine dem System *zugeführte* Arbeit komplett oder teilweise in ihrer Wirkung wie Wärme aufgenommen wird, beziehungsweise eine vom System *abgebbare* Arbeit komplett oder teilweise im System verbleibt, als wäre Wärme, bestritten aus der abgebbaren Arbeit, zugeführt. Dies kann als der „dissipativer Sprung" bezeichnet werden; er macht die Irreversibilität aus.

Wie insbesondere im Abschn. 1.4 beispielhaft aufgezeigt wird, ist der Wert der auftretenden Reibungsarbeit nicht proportional dem Schaden, der sich immer in einer Minderung des Prozessziels ausdrückt. Vielmehr sind die thermodynamischen Bedingungen, unter denen die Reibungsarbeit auftritt, von großem Einfluss. Die Reibungsarbeit muss also bewertet werden. Hierauf wird im nächsten Abschnitt eingegangen.

Thermodynamisches Intermezzo Nr. 1

Wilhelm Busch
(1832 - 1908)

Hier thront der Mann auf seinem Sitze
Und ißt z. B. Hafergrütze.
Der Löffel führt sie in den Mund,
Sie rinnt und rieselt durch den Schlund,
Sie wird, indem sie weiterläuft,
Sichtbar im Bäuchlein angehäuft.-

So blickt man klar, wie selten nur,
Ins innre Walten der Natur. -

2 Entropie und Entropieerzeugung

Über den 2. Hauptsatz der Thermodynamik (2. H-S) wird die Zustandsgröße Entropie eingeführt. Sie ist die für die Thermodynamische Prozessanalyse entscheidende Größe, da über sie die Irreversibilität ablaufender Prozesse quantitativ erfasst werden kann. Über die bereits eingeführte Prozessgröße Reibungsarbeit ist die Darstellung der Irreversibilität nur qualitativ oder tendenziell möglich. Es bedarf einer Bewertung der Reibungsarbeit, die mit Hilfe der Prozessgröße *Entropieerzeugung* gefunden wird. Nachfolgend werden die erforderlichen Grundgleichungen entwickelt.

2.1 Die Entropiegleichung

In spezifischer Form lautet die Entropiegleichung

$$ds = 1/T \cdot (du + p \cdot dv) = 1/T \cdot (dh - v \cdot dp) = 1/T \cdot (dq + dw_R). \qquad (2.1)$$

Die Entropiegleichung, die die Physik des 2. H-S beinhaltet, fordert zum einen die Existenz einer absoluten Temperatur T. Zum anderen verknüpft sie die kalorischen mit den thermischen Zustandsgrößen. Ersetzt man in Gl. (2.1) das Differential der Enthalpie h=h(T,p) durch $dh = (\partial h/\partial T)_p \cdot dT + (\partial h/\partial p)_T \cdot dp$, bildet die gemischten Ableitungen und setzt diese gleich (Integrabilitätsbedingung), so findet man die als Clausius-Gleichung bekannte Beziehung:

$$(\partial h/\partial p)_T = v - T \cdot (\partial v/\partial T)_p. \qquad (2.2a)$$

Geht man vom Differential der inneren Energie du aus, so findet man die entsprechende Gleichung:

$$(\partial u/\partial v)_T = -p + (\partial p/\partial T)_v. \qquad (2.2b)$$

Ein stimmiger Satz von Stoffwerten muss immer der Gl. (2.2) genügen.

Findet ein Prozess mit Stoffwandlung, etwa durch eine chemische Reaktion, statt, so wird eine Stoffart zu- oder abnehmen.

Entropie und Entropieerzeugung

Mit

$$dU = d(m \cdot u) = m \cdot (T \cdot ds - p \cdot dv) + u \cdot dm,$$
$$dS = m \cdot ds + s \cdot dm,$$
$$dV = m \cdot dv + v \cdot dm$$

findet man für die einzelne Stoffart die Erweiterung zu Gl. (2.1):

$$dS = 1/T \cdot [dU + p \cdot dV + [(u + p \cdot v) - T \cdot s] \cdot dm]$$

mit $[u + p \cdot v - T \cdot s] = h - T \cdot s = g$ als spez. freie Enthalpie.

Wie bei jeder extensiven Zustandgröße ist die Entropieänderung des betrachteten Einzelstoffs auch an seine Massenänderung dm geknüpft. Diese erweiterte Gleichung ist für die thermische und chemische Verfahrenstechnik von grundlegender Bedeutung, für die hier angestellten Betrachtungen wird sie jedoch nicht herangezogen.

Die so eingeführte Zustandsgröße s kann im Grundsatz für jeden Systemzustand eines Stoffes ermittelt werden. Nachfolgend werden beispielhaft drei Stoffmodelle behandelt, ein allgemeiner Fall, das ideale Gas und die feuchte Luft.

2.1.1 Allgemeiner Fall (ohne Phasenänderung)

Wird in Gl. (2.1) das vollständige Differential der spezifischen Enthalpie $dh = c_p(T,p) \cdot dT + (\partial h/\partial p)_T \cdot dp$ mit $c_p = (\partial h/\partial T)_p$ als wahrer spez. Wärmekapazität eingearbeitet, so findet man unter Verwendung der Integrabilitätsbedingung folgende Fassung:

$$ds = c_p(T,p))/T \cdot dT - (\partial v/\partial T)_p \cdot dp.$$

Für die Integration dieser Gleichung vom Zustandspunkt 0 zum Zustandspunkt 1 benötigt man die thermische Zustandsgleichung $v=v(T,p)$ und die wahre spezifische Wärmekapazität bei nur einem Druck $p=p_0$: $c_p=c_p(T,p_0)$. Diese Informationen liegen im Regelfall vor oder sind experimentell leicht zu beschaffen. Der Integrationsweg ist dann sinnvoller Weise gemäß Abb. 2.1 zu wählen. Durch die Integration zwischen den Punkten 0 und 1 ist die Entropiedifferenz gefunden:

$$s_1 - s_0 = \int_{T0,p0}^{T1,p0} c_p(T,p_0)/T \cdot dT - \int_{T_1,p_0}^{T_1,p_1} (\partial v/\partial T)_p \cdot dp$$

und damit jede Entropiedifferenz: $s_2-s_1=(s_2-s_0)-(s_1-s_0)$.

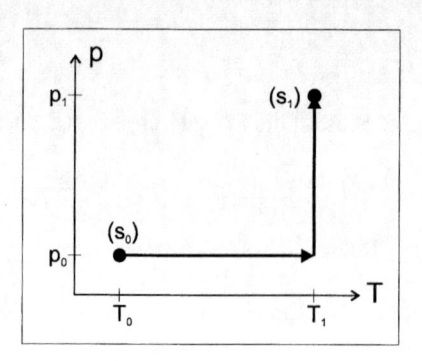

Abb. 2.1 Zum Integrationsweg

2.1.2 Ideales Gas

Mit der thermischen Zustandsgleichung $v = R \cdot T/p$ und der kalorischen Zustandsgleichung $dh = c_p(T) \cdot dT$ ist das Stoffmodell des idealen Gases festgelegt. (Beide Gleichungen erfüllen gemeinsam die Bedingung der Clausen-Gleichung (2.2) und sind damit konform mit der Physik des 2. H-S.) Eingesetzt in Gl. (2.1) ergibt sich nach Integration die Entropieänderung idealer Gase:

$$s_2 - s_1 = c_{p_{m,s}}(T_2) \cdot \ln(T_2/T_0) - c_{p_{m,s}}(T_1) \cdot \ln(T_1/T_0) - R \cdot \ln(p_2/p_1).$$

Die Temperaturabhängigkeit der wahren spez. Wärmekapazität $c_p(T)$ ist in die jeweils von $T_0=273{,}15$ K bis T gemittelten spez. Wärmekapazitäten $c_{pm,s}$ einzuarbeiten:

$$c_{pm,s}(T) = \frac{\int_{T_0}^{T} c_p(T) \cdot dT/T}{\ln(T/T_0)}.$$

Die so gemittelte Wärmekapazität unterscheidet sich grundsätzlich von der über die Enthalpiegleichung gemittelten Wärmekapazität

$$c_{pm,h}(T_1) = 1/(T_1 - T_0) \cdot \int_0^1 c_p(T) \cdot dT,$$

Entropie und Entropieerzeugung

worauf bei Berechnungen streng zu achten ist. In Abb. 2.2 sind die Unterschiede der Größen $c_{pm,h}$ und $c_{pm,s}$ für einer Gasart berechnet.

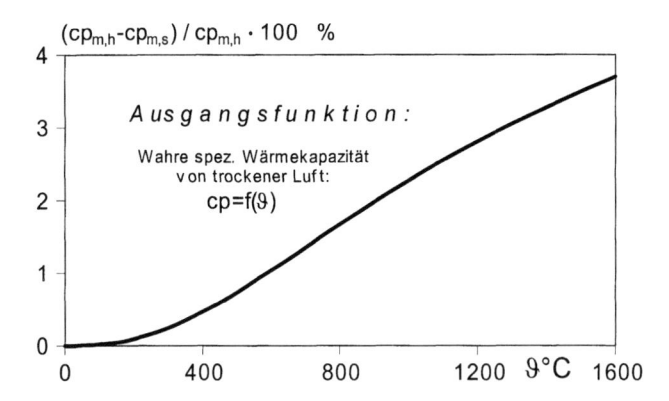

$(cp_{m,h} - cp_{m,s}) / cp_{m,h} \cdot 100$ %

Ausgangsfunktion:
Wahre spez. Wärmekapazität von trockener Luft:
$cp = f(\vartheta)$

x-Achse: $\vartheta\,°C$, Werte 0, 400, 800, 1200, 1600

Abb. 2.2 Zur Mittlung der spez. Wärmekapazität über die Entropie- und Enthalpiegleichung

2.1.3 Feuchte Luft

Die feuchte Luft soll vereinfachend als ein Gemisch idealer Gase (trockene Luft und Wasserdampf mit konstanten wahren spezifischen Wärmekapazitäten) behandelt werden. Wasser in flüssiger Phase kann weiterhin Bestandteil der feuchten Luft sein. (Bei Temperaturen unter 0 °C kann auch die feste Phase auftreten, was nachfolgend nicht weiter betrachtet wird.) Mit Einführung der Zustandsgröße Wassergehalt $x = x_W / x_L$ als Massenverhältnis der Komponente Wasser zur Komponente trockene Luft kann die Entropie feuchter Luft angegeben werden. Es sind zwei Fälle zu unterscheiden:

Fall A mit $x \leq x_s$ (x_S Wassergehalt der trockengesättigten Luft):
Wasser tritt nur in Form von Wasserdampf auf;

Fall B mit $x > x_s$: Wasser tritt auch in flüssiger Phase auf.

Der im Grundsatz frei wählbare Entropienullpunkt für beide Komponenten muss noch festgelegt werden. Nach Abb. 2.3 wird folgender Nullpunktzustand gewählt: $T_0 = 273{,}16$ K und $p_0 = p_U = 1$ bar (Umgebungsdruck). Bei diesem Zustand liegt der Wasseranteil so gut wie vollständig als flüssige Phase vor.

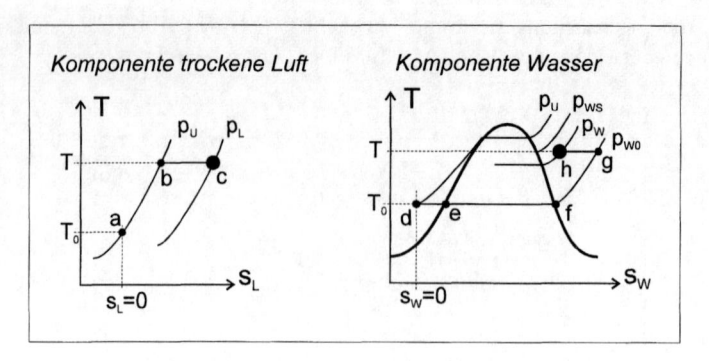

Abb. 2.3 Nullpunkt der Entropie Feuchter Luft

Die Entropie der Komponente trockene Luft in der Mischung bei der Temperatur T und ihrem Partialdruck p_L entwickelt sich nach Abb. 2.3. (links) von a (Nullpunkt) über b nach c; die Entropie der Komponente Wasser bei T und ihrem Partialdruck p_W entsprechend nach Abb. 2.3. (rechts) von d (Nullpunkt) über e, f, g nach h. (Die Zustandsänderung von d nach e stelle man sich durch Drosselung verursacht ohne merkliche Temperaturänderung $T=T_0$=const vor.) Gewichtet mit dem Wassergehalt x ergibt sich die spezifische Entropie s_{1+x} der feuchten Luft (bezogen auf die Masse der trockenen Luft):

Fall A $x \leq x_s$:

$$s_{1+x} = cp_L \cdot \ln(T/T_0) - R_L \cdot \ln(p_L/p_U) + x \cdot \{v_0/T_0 \cdot (p_U - p_{W0}) + r_0/T_0 + cp_W \cdot \ln(T/T_0) - R_W \cdot \ln(p_W/p_{W0})\}.$$

Fall B $x > x_s$ ($\vartheta \geq 0°C$) :

$$s_{1+x} = cp_L \cdot \ln(T/T_0) - R_L \cdot \ln(p_L/p_U) + x_s \cdot \{v_0/T_0 \cdot (p_U - p_{W0}) + r_0/T_0 + cp_W \cdot \ln(T/T_0) - R_W \cdot \ln(p_{WS}/p_{W0})\} + (x - x_s) \cdot c_W \cdot \ln(T/T_0).$$

Verwendete Symbole:

v_0 spezifisches Volumen des flüssigen Wassers;
r_0 spezifische Verdampfungswärme bei T_0;
R_L, R_W spezielle Gaskonstanten von Luft und Wasserdampf;
cp_W, c_W Wärmekapazitäten von Wasserdampf und flüssigem Wasser;
p_{W0}, p_{WS} Sättigungsdrücke des Wasserdampfs bei T_0 und T .

Entropie und Entropieerzeugung

In die Gleichungen für die Entropie der feuchten Luft ist keine spezifische Mischungsentropie eingearbeitet, was jedoch leicht möglich wäre, siehe z. B. [1]. Dieser Verzicht ist aus prozessanalytischer Sicht sogar geboten. Da zum einen die Entmischung im erreichbaren Zustandsfeld durch Austauen über isobare Wärmeabfuhr, d. h. ohne Einsatz der Energieform Arbeit, immer möglich ist, würde die Mitführung der Mischungsentropie die Deutung der Entropieänderung im Rahmen der Entropiebilanz, Abschnitt 2.2, nur erschweren. Zum anderen würde sich im Kreisprozess - jeder stationär betriebene Teilprozess kann im Grundsatz als Teil eines Kreisprozesses verstanden werden - die Entropieänderung über die Mischungsentropie kompensieren, da sich die Stoffströme real oder über eine thermodynamische Modellierung schließen müssen, siehe auch Abschn. 5.3.

2.2 Die Entropiebilanz

Die Entropiegleichung (2.1) $ds=(dq+dw_R)/T$ zeigt auf, durch welche Prozessgrößen die spezifische Entropie s geändert werden kann: durch Wärme und Reibungsarbeit. Mit den Setzungen $ds_q=dq/T$ und $ds_{irr}=dw_R/T$ kann Gl. (2.1) umgeschrieben werden:

$$ds-ds_q-ds_{irr} = 0 \ . \qquad (2.3)$$

Die Prozessgröße ds_q ist an das Auftreten der Wärme gebunden und nimmt deren Vorzeichen an. Wird Wärme entlang eines Zustandsweges vom Zustand 1 zum Zustand 2 zu- oder abgeführt, so ergibt sich der Integralwert zu:

$$s_{q,12} = \int_1^2 dq/T \ .$$

Diese Größe wird als *Entropietransportterm* bezeichnet. Ihre Berechnung ist im Regelfall einfach; ggf. muss die Integration numerisch erfolgen.

Die Prozessgröße ds_{irr} ist an das Auftreten der Reibungsarbeit gebunden, d. h., es muss ein irreversibler Prozess ablaufen. Sie kann entsprechend dem Vorzeichen der Reibungsarbeit nur positive Werte annehmen. Ihr Integralwert wird im Regelfall über Gl. (2.3) gefunden:

$$s_{irr,12}=(s_2-s_1)-s_{q,12}.$$

Diese Größe wird als *Entropieerzeugungsterm* bezeichnet.

Es wird ein offenes System nach Abb. 2.4 betrachtet und Gl. (2.3) angewendet. Es treten beispielhaft drei Massenströme und zwei Wärmeströme $\dot{Q}_d$ und $\dot{Q}_e$ (und damit zwei Entropietransportterme $\dot{S}_{q,d}$ und $\dot{S}_{q,e}$) auf, die Entropie transportieren; des weiteren sind drei Entropieerzeugungsquellen $\dot{S}_{irr,a}$, $\dot{S}_{irr,b}$ und $\dot{S}_{irr,c}$, hervorgerufen durch irreversibler Teilprozesse, aktiv. Gleichung (2.3) ist in integrierter Form eine Entropiebilanzgleichung für das betrachtete System, mit der die erzeugte Entropie pro Zeit, der Entropieerzeugungsstrom $\sum \dot{S}_{irr}$, berechnet werden kann.

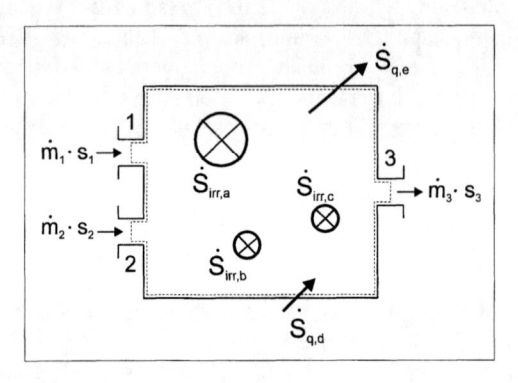

Abb. 2.4 Entropiebilanz am offenen System

Es gilt: Eintretende Entropie über Stoffströme + transportierte Entropie über Wärmeströme + erzeugte Entropie über Irreversibilität = austretende Entropie über Stoffströme. Im Beispiel nach Abb. 2.4 lautet die Bilanzgleichung mit $\dot{S}_q = \dot{m} \cdot s_q$ und $\dot{S}_{irr} = \dot{m} \cdot s_{irr}$:

$$\dot{m}_1 \cdot s_1 + \dot{m} \cdot s_2 + \dot{S}_{irr,a} + \dot{S}_{irr,b} + \dot{S}_{irr,c} + \dot{S}_{q,d} + \dot{S}_{q,e} = \dot{m}_3 \cdot s_3.$$

Oder allgemein:

$$\sum \dot{S}_{irr} = \sum_{aus} (\dot{m} \cdot s) - \sum_{ein} (\dot{m} \cdot s) - \sum \dot{S}_q. \qquad (2.4a)$$

Läuft in einem geschlossenen, einfachen System ein getakteter Prozess vom Zustand 1 zum Zustand 2 ab, so lautet die entsprechende Entropiebilanzgleichung:

$$S_{irr,12} = m \cdot (s_2 - s_1) - S_{q,12}. \qquad (2.4b)$$

Entropie und Entropieerzeugung 27

Die Entropieerzeugung ist dem System zuzuordnen, in dem ein irreversibler Prozess abläuft. Stehen zwei Systeme in Wechselwirkung, so kann man aus Sicht des Hauptsystems von innerer und äußerer Irreversibilität sprechen. Dies soll an einem Beispiel nach Abb. 2.5 verdeutlicht werden. Eine Gasturbine als Hauptsystem expandiert einen Gastrom irreversibel vom Zustand 1 auf den Zustand 2. Es tritt im Hauptsystem der Entropieerzeugungsstrom $\dot{S}_{irr,i}$ auf, der die innere Irreversibilität anzeigt. Diese wird im Entropieerzeugungsstrom summarisch als Folge der Einzelverluste in thermischen Turbomaschinen erfasst. Der Stoffstrom wird modellhaft aus einem Speicher (SP1) entnommen und in einem Austrittsspeicher (SP2) übergeben. Über die drehende Welle wird spezifische technische Arbeit $w_{t,12}$ abgegeben, die nach Gl. (2.4) keine Entropie transportiert. Des Weiteren wird durch das Turbinengehäuse eine spezifische Abwärme q_{12} in die Umgebung mit der Temperatur T_U geleitet. Die Umgebung wird als unendlich großer Speicher (SPU) aufgefasst, dessen intensiver Zustand durch endliche Energieströme nicht verändert werden kann. Der Wärmetransport erfolgt bei endlichen Temperaturdifferenz ($T_{m,12}$-T_U) und ist damit irreversibel. (Die Temperatur $T_{m,12}$ ist die thermodynamisch gemittelte Gastemperatur des Temperaturgang zwischen T_1 und T_2; sie ist nicht als mittlere Oberflächentemperatur des Turbinengehäuses zu verstehen, die niedriger liegen wird.) Der hiermit verbundene Entropieerzeugungsstrom $\dot{S}_{irr,a}$ zeigt die äußere Irreversibilität an, wie sie bei jedem Wärmetransport mit endlicher Temperaturdifferenz auftritt. Über Entropiebilanzen am Turbinensystem und am Gesamtsystem wird die Entropieerzeugung berechnet.

Turbinensystem:

$$\dot{S}_{irr,i} = \dot{m} \cdot (s_2 - s_1) - \dot{m} \cdot \int_1^2 dq/T = \dot{m} \cdot [(s_2 - s_1) + |q_{12}|/T_{m,12}] \ .$$

Gesamtsystem:

$$\dot{S}_{irr,ges} = \dot{S}_{irr,i} + \dot{S}_{irr,a} = \dot{m} \cdot [(s_2 - s_1) + |q_{12}|/T_U] \ .$$

Die Differenzbildung liefert die äußere Irreversibilität:

$$\dot{S}_{irr,a} = \dot{m} \cdot (|q_{12}| \cdot (1/T_U - 1/T_{m,12})) \ .$$

Die Unterscheidung zwischen innerer und äußerer Irreversibilität führt nicht zu einem qualitativen Unterschied im thermodynamischen Sinne. Sie hängt vom Blickwinkel des Betrachters ab. Wird das Gesamtsystem nach Abb. 2.5 als

Hauptsystem angesehen, so tritt jede Irreversibilität als innere Irreversibilität auf.

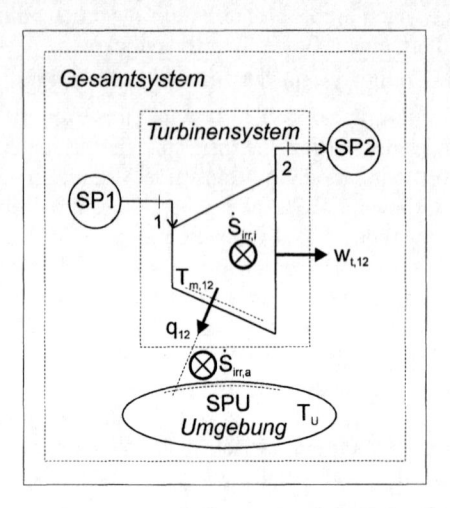

Abb. 2.5 Zur inneren und äußeren Irreversibilität

Die über die Prozessgröße Entropieerzeugung summarisch erfasste Irreversibilität nach Gl. (2.4) kann weiter aufgegliedert werden. So kann man das offene System nach Abb. 2.4 in Teilsysteme schneiden, die die dort angegebenen drei Entropieerzeugungsquellen je einzeln enthalten. Über eine Entropiebilanz an diesen Teilsystemen, lassen sich dann die Einzelentropieerzeugungen erfassen. So kann die Irreversibilität über die Entropieerzeugung jedem Aggregat oder Teilaggregat zugeordnet werden; die Irreversibilitätsverteilung im System wird berechenbar; hierauf wird insbesondere in Abschn. 5 und 6 eingegangen.

2.3 Gleichwertigkeit der Entropieerzeugung

Die Entropieerzeugung $s_{irr,12} = \int_1^2 dw_R / T$ ist mit dem Auftreten der Reibungsarbeit $w_{R,12}$ ursächlich verbunden. Sie ist eine abgeleitet Größe; sie bewertet die Reibungsarbeit im prozessanalytischen Sinne, wie nachfolgend gezeigt wird. Hierzu wird nach Abb. 2.6 ein System betrachtet, in dem ein rechtsdrehender Kreisprozess (Arbeitsprozess) abläuft. Der Wärmestrom wird

Entropie und Entropieerzeugung

bei der mittleren Temperatur $T_{m,zu}$ zu- und der Abwärmestom bei $T_{m,ab}$ abgeführt. Die Differenz der Wärmeströme ergibt die gewandelte mechanische Leistung P.

Im System seinen n Entropieerzeugungsquellen $\dot{S}_{irr,j}$ aktiv, die sich zur Gesamtentropieerzeugung $\sum_{j=1}^{n}\dot{S}_{irr,j}$ aufaddieren.

Der thermische Wirkungsgrad des Prozesses ergibt:

$$\eta_{th} = \frac{|P|}{\dot{Q}_{zu}} = 1 - \frac{|\dot{Q}_{ab}|}{\dot{Q}_{zu}}. \quad (I)$$

Der 2. H-S als Entropiebilanz liefert:

$$\frac{\dot{Q}_{zu}}{T_{m,zu}} + \sum_{j=1}^{n}\dot{S}_{irr,j} = \frac{|\dot{Q}_{ab}|}{T_{m,ab}}. \quad (II)$$

Fasst man die Gln. (I) und (II) zusammen, so kommt man zu einer zweiten Fassung des thermischen Wirkungsgrades:

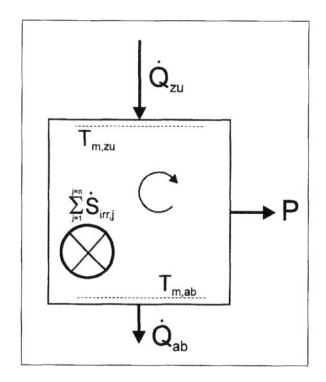

$$\eta_{th} = (1 - T_{m,ab}/T_{m,zu}) - \left\{ T_{m,ab}/\dot{Q}_{zu} \cdot \sum_{j=1}^{n}\dot{S}_{irr,j} \right\}. \quad (2.5)$$

Abb. 2.6 Entropieerzeugung im Kreisprozess

Gl. (2.5) zeigt auf, dass jede Einzelentropieerzeugung $\dot{S}_{irr,j}$ den Wirkungsgrad mindert und dass diese Minderung proportional zu ihrem Betragswert (in kW/K) ist. Es ist gleichgültig, ob die Entropieerzeugung in einem „wichtigen" oder „weniger wichtigen" Aggregat innerhalb des Systems anfällt, da ihre Wirkung auf das Prozessziel, erfasst durch den thermischen Wirkungsgrad, immer gleich ist. (Auf den praktischen Nutzen von Gl. (2.5) wird noch ausführlich in Abschn. 5 eingegangen.)

2.4 Zusammenfassung

Die Reibungsarbeit als Ursache der Irreversibilität liefert nur ein qualitatives Maß für die Prozessbewertung. Über die Prozessgröße Entropieerzeugung als Ergebnis der Entropiebilanz wird die Reibungsarbeit bewertet. Jedes System, in dem ein Prozess abläuft, kann auf diese Weise analysiert werden. Durch Aufteilung eines Systems in Teilsysteme kann die Entropieerzeugung über Einzelentropiebilanzen den Teilprozessen zugeordnet werden. Das irreversible Geschehen im System wird aufgedeckt. Hieraus sind ingenieurgemäße Schlüsse mit dem Ziel zu ziehen, die Systemstruktur und den Prozess zu verbessern.

Im nächsten Abschnitt wird auf die Entropieerzeugung bei ausgesuchten Prozessen eingegangen.

Thermodynamisches Intermezzo Nr. 2

Martin Heidegger (1889 - 1976)

"Vielleicht darf der Satz gewagt werden: Dem Geheimnis der planetarischen Übermacht des ungedachten Wesens der Technik entspricht die Vorläufigkeit und Unscheinbarkeit des Denkens, das versucht, diesem Ungedachten nachzudenken."

(Aus SPIEGEL-Gespräch, 1978 posthum veröffentlicht.)

3 Prozesse mit Entropieerzeugung

Jeder real ablaufende Prozess ist irreversibel und damit entropieerzeugend. Über die Entropiebilanz nach Gl. (2.4) ist die Entropieerzeugung berechenbar. Nachfolgend werden Prozesse im Makrosystem (Beispiel: Wärmetransport im Wärmetauscher) aber auch Prozesse im Prozessfeld, dem eigentlichen Ort der Entropieerzeugung, rechnerisch behandelt, (Beispiel: Wärmeleitung im Kontinuum).

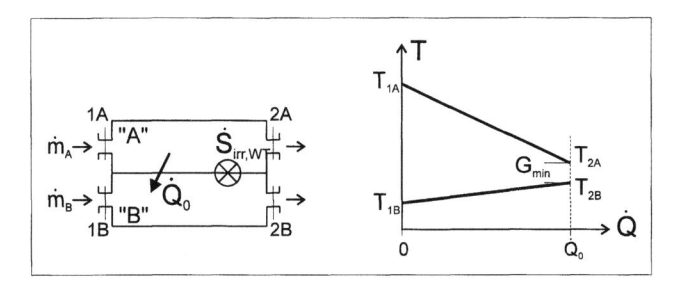

3.1 Entropieerzeugung im Wärmetauscher

Es wird ein Gleichstromwärmetauscher nach Abb. 3.1 betrachtet, in dem ein Gasstrom „A" Wärme an einen Gastrom „B" abgibt. Es wird das Stoffmodell des idealen Gases mit konstanten wahren spez. Wärmekapazitäten verwendet. Wärmeaustausch mit der Umgebung findet nicht statt, des weiteren kein Druckverlust. Der Prozess ist mit der Vorgabe folgender Daten vollständig bestimmt: Eingangstemperaturen T_{1A} und T_{1B}, Wärmekapazitätsströme $\dot{m}_A \cdot c_{pA}$ und $\dot{m}_B \cdot c_{pB}$, Grädigkeit am Wärmetauscheraustritt $G_{min}=T_{2A}-T_{2B}$. Diese Daten werden komprimiert in drei dimensionslosen Parametern erfasst:

$$\alpha = (\dot{m}_A \cdot c_{pA})/(\dot{m}_B \cdot c_{pB}); \quad \beta = T_{1B}/T_{1A}; \quad \delta = G_{min}/T_{1B}.$$

Abb. 3.1 Entropieerzeugung im Wärmetauscher

Der Temperaturgang im Wärmetauscher ist in Abb. 3.1 (rechts) dargestellt. Die Entropieerzeugung im Wärmetauscher pro getauschte Wärmestromeinheit ist am Eintritt am größten und am Austritt am kleinsten. Durch die Entropiebilanz am

Gesamtsystem Wärmetauscher wird der Entropieerzeugungsstrom $\dot{S}_{irr,WT}$ summarisch erfasst. Der getauschte Wärmestrom $\dot{Q}_0$ ergibt sich aus der Energiebilanz:

$$\left|\dot{Q}_0\right| = \dot{m}_A \cdot c_{pA} \cdot (T_{1A} - T_{2A}) = \dot{m}_B \cdot (T_{2B} - T_{1B}). \quad (I)$$

Der Entropieerzeugungsstrom berechnet sich über die Entropiebilanz:

$$\dot{S}_{irr,WT} = \dot{m} \cdot c_{pA} \cdot \ln(T_{2A}/T_{1A}) + \dot{m}_B \cdot c_{pB} \cdot \ln(T_{2B}/T_{1B}). \quad (II)$$

Fasst man Gl. (I) und (II) unter Verwendung der oben angegebenen Parameter zusammen und löst nach der dimensionslosen Entropieerzeugung $\gamma = \dot{S}_{irr,WT}/(\dot{m}_A \cdot c_{pA})$ auf, so findet sich folgender Zusammenhang:

$$\gamma = f(\alpha, \beta, \delta)$$
$$= \ln\{(\alpha + \beta \cdot (1+\delta))/(1+\alpha)\} + 1/\alpha \cdot \ln\{(\alpha \cdot (1/\beta - \delta) + 1)/(1+\alpha)\}.$$

Diese Abhängigkeit ist in Abb. 3.2 ausgewertet.

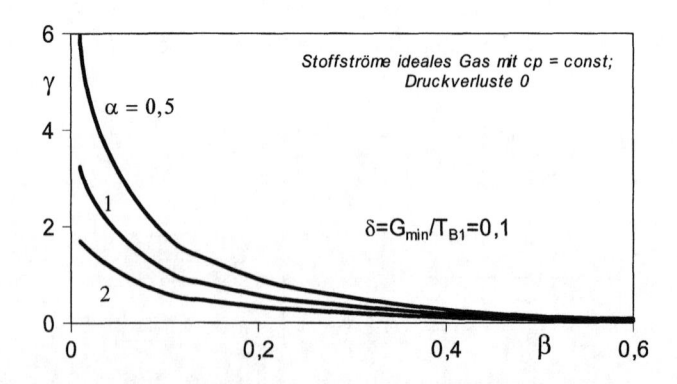

Abb. 3.2 Entropieerzeugung in Abhängigkeit der bestimmenden Parameter

Man erkennt die grundsätzlich nichtlineare Abhängigkeit der Entropieerzeugung von den bestimmenden Parametern. Ein idealer Wärmetauscher nach Abb. 3.1. sollte aus thermodynamischer Sicht eine kleine Grädigkeit ($\delta \to 0$) haben; hingegen sollten das Eintrittstemperaturverhältnis wie auch das Wärmestromkapazitätsverhältnis des heißen zum kalten Strom groß sein

$(\beta \to 1;\ \alpha \to \infty)$. Die technischen Möglichkeiten zur Umsetzung dieser Forderungen werden im Regelfall gering sein. Man sollte jedoch immer die Systemstruktur, in die der betrachtete Wärmetauscher integriert ist, kritisch überprüfen.

3.2 Entropieerzeugung in Drosseln

In einer Drossel (symbolische Darstellung in Abb. 3.3.) läuft ein irreversibler Prozess ab, bei dem weder Wärme noch technische Arbeit getauscht wird. Nach dem 1. H-S gilt demnach in differentieller Fassung: $dh = -c \cdot dc$. Wird dieses Ergebnis in den 2. H-S nach Gl. (2.1) eingesetzt, so findet man:

$$ds = 1/T \cdot (-c \cdot dc - v \cdot dp) \geq 0 \ .$$

Mit dem Grenzfall mit ds=0 ist die ideale Düsenströmung angesprochen: Nicht ausgebrachte Arbeit $(v \cdot |dp|)$ findet sich wieder im Zuwachs an kinetischer Energie $(c \cdot dc)$. Für eine Drossel gilt immer: $ds > 0$ oder $|dp| > c/v \cdot dc$.

Es wird nachfolgend eine Drossel betrachtet, in der überhitzter Wasserdampf von einem Druck p_1 auf einen Druck p_2 irreversibel entspannt wird. Es soll unterstellt werden, dass keine merkliche Geschwindigkeitsänderung $(c_2 - c_1 \approx 0)$ auftritt. Dann ist die Enthalpiedifferenz $\Delta h = 0$ und die Austrittsentropie errechnet sich aus $s_2 = s(p_2, h_1)$. Über die Entropiebilanz nach Gl. (2.4) wird die Entropieerzeugung:

$$s_{irr,12} = s_2 - s_1.$$

In Abb. 3.3. wird die spez. Entropieerzeugung in Abhängigkeit vom Eintrittsdruck p_1 und der Eintrittstemperatur ϑ_1 bei festgehaltenem Austrittsdruck p_2 (Gegendruck) ausgewertet. Die Entropieerzeugung steigt monoton mit zunehmender Druckdifferenz, jedoch mit abnehmender Steigung. Ein leichter Temperatureinfluss ist erkennbar. Bei Wasserdampf als realem Gas ist im betrachteten Zustandbereich eine Drosselung bei höheren Temperaturen gemäß Rechnung etwas schädlicher. (Ggf. liegt hier eine Unzulänglichkeit des verwendeten Stoffwertprogramms vor?)

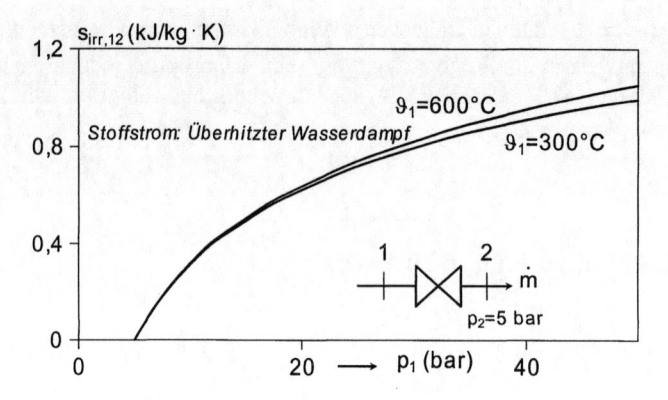

Abb. 3.3 Entropieerzeugung in der Drossel

Der ermittelte Wert der Entropieerzeugung ist grundsätzlich vom verwendeten Stoffmodell abhängig. Genaue Rechnungen erfordern die Verwendung eines wirklichkeitsnahen Stoffmodells. Ein extremer Datenfall (Drosselung von überhitztem Wasserdampf: p_1=200 bar, ϑ_1=400°C; p_2=10 bar) ist unter Verwendung von drei Stoffmodellen (Ideale Gasgleichung, Redlich-Kwong-Gleichung, Gleichungssatz der Wasserdampftafel von 1967) in Tabelle 3.1 ausgewertet.

Stoffmodell	spezifische Entropieerzeugung (kJ/kg K)
Wasserdampftafel	1,119
Id. Gasgleichung	1,383
Redlich-Kwong-Gl.	1,384

Tab. 3.1 Entropieerzeugung in Abhängigkeit des verwendeten Stoffmodells

3.3 Entropieerzeugung im Turbinenprozess

Wie in Abschnitt 1.3.2 ausgeführt, wird die Güte einer Turbine durch die Vorgabe eines polytropen Turbinenwirkungsgrades η_{pol} realitätsnah

Prozesse mit Entropieerzeugung

beschrieben. Über den so definierten Wirkungsgrad wird die differentielle Reibungsarbeit in ein festes Verhältnis zur ausgebrachten differentiellen technischen Arbeit gesetzt: $dw_R/dw_t = -(1/\eta_{pol} - 1)$. Damit ist der Zustandsverlauf des Arbeitsmediums zwischen Turbinenein- und -austritt im Detail vorgegeben.

Nachfolgend wird beispielhaft eine Dampfturbine nach Abb. 3.4 betrachtet, in der Dampf vom Zustand 1 auf den Zustand 2 entspannt wird. Dabei tritt die spezifische Reibungsarbeit $w_{R,12}$ auf. Zwei Fälle sollen betrachtet werden: Fall A geht von einem festen polytropen Wirkungsgrad entlang des gesamten Expansionsweges aus. Fall B geht von einem abschnittsweise in Expansionsrichtung zunehmenden polytropen Wirkungsgrad aus, wobei jedoch die auftretende Reibungsarbeit $w_{R,12}$ zu Fall A unverändert bleiben soll. In Fall B wird also die Güte der Maschine dergestalt beeinflusst, dass die Aufteilung der Reibungsarbeitsanteile entlang des Expansionsweges gemäß Verlauf B in Abb. 3.4 verändert wird. Die Turbine wird am Anfang verschlechtert und am Ende verbessert. Im gerechneten Beispiel ist die lineare Verlagerung der Reibungsarbeit durch die Größe $\Delta w_{R,max}/w_{R,12}=0{,}05$ vorgegeben. Diese Betrachtung ist theoretischer Natur, liefert jedoch sinnvolle Schlussfolgerungen.

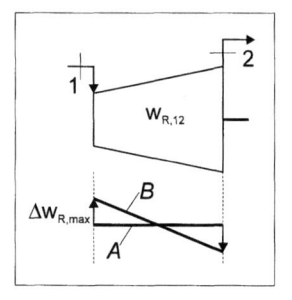

Abb. 3.4 Verteilung der Reibungsarbeit entlang der Expansion

Es wird nun die Entropieerzeugung in der Turbine betrachtet. In Abb. 3.5 ist der Expansionsverlauf für den Fall A und den Fall B in einem T,s-Diagramm dargestellt. Die Expansion des Wasserdampfs erfolgt ausgehend vom Zustandspunkt 1 bis in das Nassdampfgebiet zum Zustand 2A bzw. 2B. Wird die Turbine als adiabates System betrachtet, so ist als Ergebnis der Entropiebilanz die erzeugte spezifische Entropie $s_{irr,12A}=s_{2A}-s_1$ bzw. $s_{irr,12B}=s_{2B}-s_1$. Im Fall B wird im Vergleich zu Fall A weniger Entropie erzeugt, ein Expansionsverlauf gemäß Fall B ist also wünschenswert.

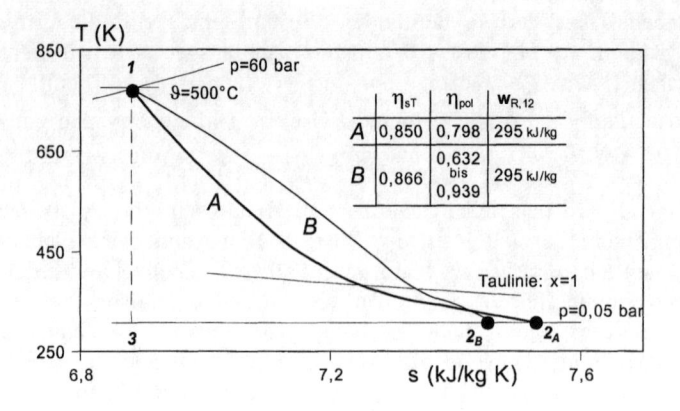

Abb. 3.5 Expansionsverlauf in einer Dampfturbine bei unterschiedlicher Verteilung der Reibungsarbeit

Die unterschiedlichen Expansionsverläufe A und B sind Folge der unterschiedlichen lokalen Entropieerzeugung in der Turbine. Dies wird in Abb. 3.6 weiter verdeutlicht. Das in der Turbine abgearbeitete Enthalpiegefälle Δh wird hier in 14 Anteile unterteilt, und die Entropieerzeugung den beiden betrachteten Verläufen A und B zugeordnet. Im Fall A nimmt die lokale Entropieerzeugung im Laufe der Expansion zu, während sie im Fall B abnimmt. Für die Güte der Maschine ist dann die Gesamtentropieerzeugung maßgeblich, die für das Rechenbeispiel in Abb. 3.6 mit angegeben ist.

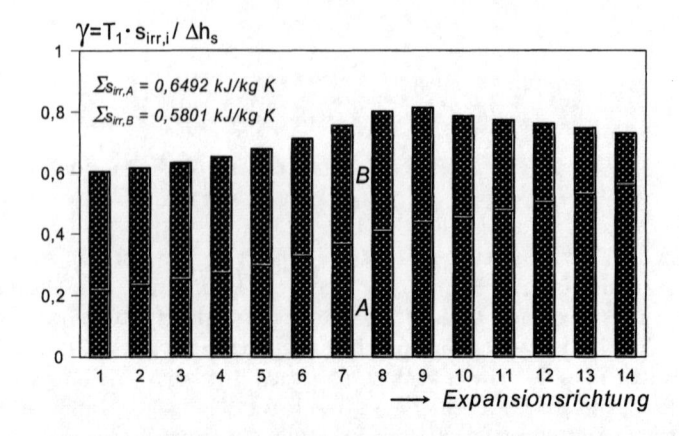

Abb. 3.6 Lokale Entropieproduktion für Expansionsfall A und B

Prozesse mit Entropieerzeugung 37

Die Aufdeckung der Entropieerzeugung im diskreten Prozessfeld, hier in der Schaufelung einer Dampfturbine, gibt Hinweise, wie auf die thermodynamische Güte der Maschine eingewirkt werden kann. Die Schaufelung ist so auszulegen, dass insbesondere die Verluste in den Endstufen klein ausfallen. Dabei werden erhöhte Verluste in den Anfangsstufen (im Rechenbeispiel bei festgehaltener Reibungsarbeit $w_{R,12}$) überkompensiert.

3.4 Entropieerzeugung durch Wärmeleitung

Wie in Abschnitt 3.1 dargelegt, ist der Wärmetransport bei endlicher Temperaturdifferenz mit Entropieerzeugung verbunden. Häufig findet der Wärmetransport als Wärmedurchgang statt, so dass die Wärmeleitung an der Transportkette beteiligt ist. Die mit der Wärmeleitung verbundene Entropieerzeugung soll nachfolgend behandelt werden. Aus Prozesssicht ist nur die Gesamtentropieerzeugung des Wärmetransportes von Interesse. Die Behandlung eines Teilaspektes - hier der Wärmeleitung - liefert jedoch einen Beitrag zum tieferen Verständnis des irreversiblen Prozessablaufs.

In Abb. 3.7 wird die eindimensionale Wärmeleitung in einem Stab konstanten Querschnitts A und der Länge L betrachtet. Die Wärmeleitfähigkeit λ wird als konstant angenommen. Der Wärmestrom $\dot{Q}$ tritt in die linke Stirnfläche bei einer Temperatur T_1 ein und an der rechten Stirnfläche mit der Temperatur $T_2 < T_1$ aus.
Die Temperaturgröße: $\Theta = (T_1 - T_2)/T_1$

wird sich als der maßgebliche Parameter für die Entropieerzeugung erweisen.

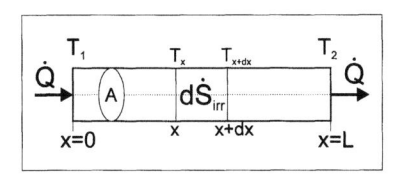

Abb. 3.7 Zur eindimensionalen Wärmeleitung

Für den hier betrachteten einfachen Fall ergibt sich ein linearer Temperaturverlauf zwischen x=0 und x=L. Die Wärmestromdichte $\dot{q} = \dot{Q}/A$

errechnet sich nach dem Fourierschen Gesetz der Wärmeleitung:

$$\dot{q} = -\lambda/L \cdot (T_2 - T_1) \text{ mit } T_x = T_1 + (T_2 - T_1) \cdot x/L \text{ und } dT_x = (T_2 - T_1) \cdot dx/L. \quad (I)$$

Die Entropieerzeugung pro Zeit $d\dot{S}_{irr}$ im Stabelement der Länge dx liefert die Entropiebilanz am Element:

$$d\dot{S}_{irr} = \dot{Q} \cdot (1/T_{x+dx} - 1/T_x). \quad (II\ a)$$

Die Entropieerzeugung im gesamten Stab ergibt sich entsprechend:

$$\dot{S}_{irr,ges} = \dot{Q} \cdot (1/T_2 - 1/T_1). \quad (II\ b)$$

Die Entropieeerzeugungsströme nach Gl. (II), auf das Volumen bezogen, liefern die Entropieerzeugungsdichten: $\gamma_x = d\dot{S}_{irr}/(A \cdot dx)$ und $\gamma_{ges} = \dot{S}_{irr,ges}/(A \cdot L)$.
Die relative Entropieerzeugungsdichte $\beta = \gamma_x / \gamma_{ges}$ lässt sich dann geschlossen unter Verwendung von Gl. (I) und (II) angeben:

$$\beta = \frac{1 - \Theta}{(1 - \Theta \cdot x/L)^2}. \quad (III)$$

Die relative Entropieerzeugungsdichte ist von zwei Parametern abhängig: Der dimensionslosen Ortskoordinate x/L und dem Temperaturverhältnis Θ. In Abb. 3.8 wird Gl. (III) ausgewertet. Bei hohen Werten von Θ wird die Erzeugungsdichte stark ortsabhängig.

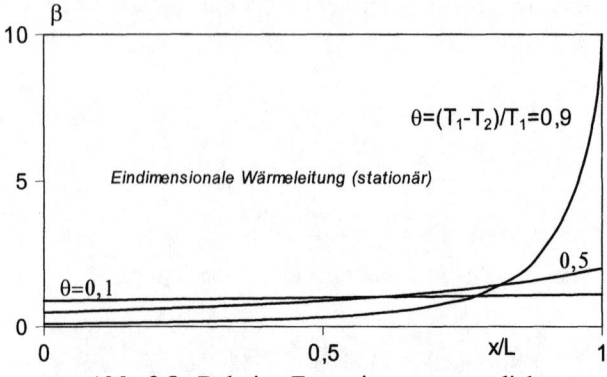

Abb. 3.8 Relative Entropieerzeugungsdichte

Prozesse mit Entropieerzeugung

Man erkennt hier am Beispiel der Wärmeleitung, dass die über eine Entropiebilanz ermittelte Entropieerzeugung im Makrosystem sich immer in einem Prozessfeld entwickelt. Das Prozessfeld ist der Ort der Entropieerzeugung.

3.5 Entropieerzeugung durch Druckverlust

An einem weiteren Beispiel, Reibungsdruckverlust bei turbulenter Rohrströmung, soll die Entropieerzeugung im Prozessfeld aufgezeigt werden. Hierzu wird ein waagrechtes Rohrstück der Länge dx nach Abb. 3.9 betrachtet, in dem ein turbulenter Massenstrom $\dot{m}$ den Druckverlust dp verursacht.

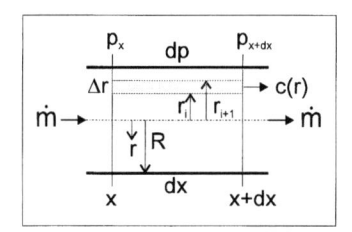

Abb. 3.9. Rohrströmung mit Druckverlust

Dieser Prozess bei unterstellter laminarer Strömung wurde bereits unter dem Aspekt der auftretenden Reibungsarbeit in Abschnitt 1.3.1 behandelt. Für den Fall einer turbulenten Strömung soll nun dieser Fall in Hinblick auf die Entropieerzeugung erneut aufgegriffen werden. Nach Gl. (1.4) findet man mit $w_{t12}=0$ das Differential der Reibungsarbeit:

$$\frac{dw_R}{dx} = -v \cdot \frac{dp}{dx} - c_{mittel} \cdot \frac{dc_{mittel}}{dx} . \quad (I)$$

Die Kräftebilanz an der im Rohrstück strömenden Masse ergibt:

$$-\frac{dp}{dx} = 2/R \cdot \tau_W + c_{mittel}/v \cdot \frac{dc_{mittel}}{dx} . \quad (II)$$

In Gl. (II) ist τ_W die Wandschubspannung.

Es werden folgende Vereinfachungen gemacht:
Das strömende Medium sei eine inkompressible Flüssigkeit;
der Querschnitt des Rohres sei konstant.

Dann wird die Änderung der mittleren Geschwindigkeit dc_{mittel} gleich Null. (Es sei darauf hingewiesen, dass die Mittlungsvorschrift für die Strömungsgeschwindigkeit c_{mittel} in Gl. (I) und (II) unterschiedlich ist; dies ist für die weiteren Überlegungen jedoch ohne Belang.) Über Gl. (I) und (II) wird die Reibungsarbeit eine Funktion der Wandschubspannung τ_W:

$$\frac{dw_R}{dx} = \frac{\Delta w_R}{\Delta x} = 2/R \cdot v \cdot \tau_W. \qquad (III)$$

Aus der Reibungsarbeit lässt sich nach Gl. (2.3) die Entropieerzeugung pro Zeit im endlichen Rohrelement Δx berechnen: $\dot{S}_{irr,ges} = \dot{m} \cdot \Delta w_R / T$. Bezieht man den Entropieerzeugungsstrom auf das Volumen des Rohrelementes, so ist die Entropieerzeugungsdichte γ_{ges} gefunden:

$$\gamma_{ges} = \dot{S}_{irr,ges} / \Delta V = 2/R \cdot c_{mittel} \cdot \tau_W / T. \qquad (IV)$$

(In Gl. (IV) ist die Kontinuitätsgleichung $\dot{m} = A \cdot c_{mittel} / v$ mit eingearbeitet.)

Aus der Fluiddynamik wird folgende Beziehung für die turbulente Strömung übernommen: $\tau_W = 1/v \cdot \lambda/8 \cdot c_{mittel}^2$ mit der Widerstandszahl λ für glatte Rohre nach Blasius $\lambda = 0{,}3164 \cdot Re^{-0{,}25}$. Die Entropieerzeugungsdichte ergibt sich dann wie folgt:

$$\gamma_{ges} = 0{,}0791 \cdot \frac{Re^{-0{,}25} \cdot c_{mittel}^3}{R \cdot T \cdot v}. \qquad (V)$$

Die Entropieerzeugungsdichte ist damit – unter Beachtung des Exponenten der Re-Zahl – der mittleren Strömungsgeschwindigkeit hoch 2,75 proportional. Der Druckverlust $\Delta p/\Delta x$ wächst hingegen mit der Strömungsgeschwindigkeit hoch 1,75. In Abb. 3.10 wird Gl. (V) für einen Datenfall ausgewertet.

Die Entropieerzeugungsdichte lässt sich für den hier betrachteten Fall auch in Abhängigkeit vom Radius r angeben. Hierzu wird die Entropieerzeugung im Strömungszylinder mit den Radien r_i und r_{i+1}, siehe Abb. 3.9, berechnet und der Differenzbetrag auf den Hohlzylinder mit der Dicke Δr bezogen. Benötigt wird das Geschwindigkeitsprofil c(r) und die Schubspannungsverteilung $\tau(r)$.

Prozesse mit Entropieerzeugung 41

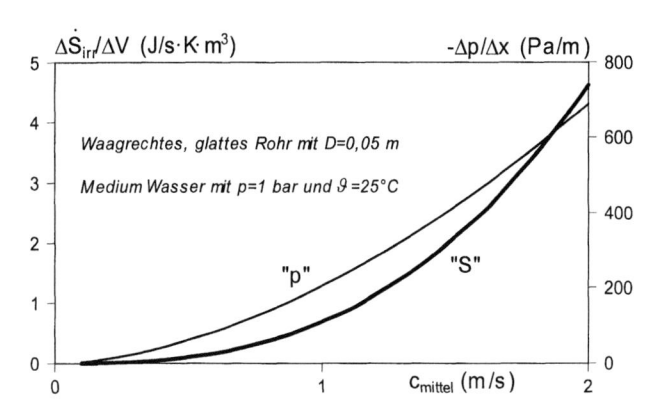

Abb. 3.10 Entropieerzeugung und Druckverlust bei turbulenter Rohrströmung

Mit $\tau(r) = \tau_w \cdot r/R$ als Ergebnis der Kräftebilanz und $c(r) = c_{max} \cdot (1 - r/R)^{1/7}$ findet man die örtliche Entropieerzeugungsdichte $\gamma(r)$ auf gleiche Weise wie bereits für den Vollzylinder mit dem Radius R angegeben. (Das verwendete 1/7-Potenz-Profil der Strömungsgeschwindigkeit mit $c_{max} = c_{mittel}/0{,}817$ ist konform mit dem verwendeten Blasiusgesetz für die Widerstandszahl λ.) Bildet man nun das Verhältnis von örtlicher Entropieerzeugungsdichte zur mittleren Entropieerzeugungsdichte nach Gl. (V), so ist die relative örtliche Entropieerzeugungsdichte $\gamma(r)/\gamma_{ges}$ gefunden. In Abb. 3.11 ist der Verlauf dieser Größe über den Radius r aufgetragen.

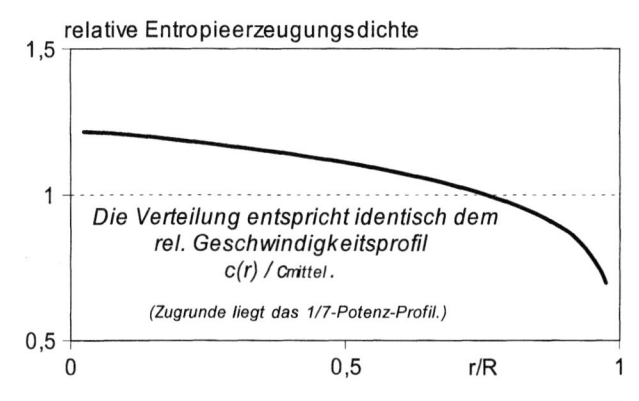

Abb. 3.11 Verteilung der Entropieerzeugung über den Strömungsquerschnitt

Man erkennt, dass die Entropieerzeugungsdichte zur Rohrwand hin abnimmt. Erstaunlich ist die völlige Übereinstimmung des Verlaufs der Entropieerzeugungsdichte mit dem Verlauf des verwendeten Geschwindigkeitsprofil $c(r)/c_{mittel}$. Ob dieser Zusammenhang (unter Beachtung der vereinfachten Annahmen) bereits Eingang in die Fluiddynamik gefunden hat, wäre noch zu überprüfen.

Die vorstehende Abhandlung geht von sehr einfachen Ansätzen für die turbulente Strömung aus. Insoweit geht es hier mehr um eine qualitative Darstellung der irreversiblen Verhältnisse in reibungsbehafteter Strömung. Man erkennt wiederum, dass sich die Entropieerzeugung im Prozessfeld entwickelt und damit grundsätzlich vielfältige Einflussmöglichkeiten bestehen.

3.6 Zusammenfassung

Die Entropieerzeugung im System als Folge eines ablaufenden irreversiblen Prozesses ist über eine Entropiebilanz berechenbar. Behandelt werden Prozesse in Makrosystemen (Wärmetauscher, Drossel), ein Prozess in gestufter Abfolge (mehrstufige Turbine) und Prozesse im Prozessfeld (Wärmeleitung, Strömung). Der Berechnungsaufwand steigt mit der Aufgliederung des betrachteten Systems. Auf Prozessfeldebene entwickelt sich die Entropieerzeugung, die durch Bilanzierung aus den Zuständen und Energieströmen an der Systemgrenze des offenen Systems gefunden wird. Für die hier zu entwickelnde Prozessanalyse wird das Schwergewicht auf die Behandlung von irreversiblen Prozessen in Makrosystemen gelegt, die thermodynamisch wie eine Blackbox aufzufassen sind.

Thermodynamisches Intermezzo Nr. 3

Xenophanes aus Kolophon (580 v. Ch. - 470 v. Ch.)

...... Und was nun die Wahrheit betrifft, so gab es und wird es Niemand geben, der sie wüßte in bezug auf die Götter und alle Dinge, die ich nur immer erwähne. Denn spräche er auch einmal zufällig das Allervollendeteste, so weiß er´s selber doch nicht. Denn nur Wahn ist allen beschieden. ......

(aus FRAGMENTE in der Übersetzung von H. Diels, 1901)

4 Die Exergiemethode

Die Entwicklung des Exergiebegriffs und die hierauf aufbauende Exergiemethode muss als sehr erfolgreich bezeichnet werden, [6]. Kaum ein Lehrbuch der Technischen Thermodynamik verzichtet auf die Darstellung dieser Methode. Nach J. Ahrendts hat die Exergetik folgenden Anspruch, [7]: „Es war das erklärte Ziel der exergetischen Methode, der Willkür von Wirkungsgraddefinitionen auf der Grundlage von Vergleichsprozessen ein Ende zu machen. Der Maßstab des billigen Ermessens bei der Zurechnung von Verlusten sollte einem Naturgesetz Platz machen." Ob sich dieser Anspruch einlösen lässt, wird noch zu hinterfragen sein. Das Zitat von W. Traupel, [8]: „So wird der Nutzen des Exergiebegriffs heute eher überschätzt", liefert einen ersten kritischen Hinweis.

Nachfolgend wird die Exergiemethode in ihren Grundzügen als bekannt vorausgesetzt, siehe z. B. [3, 9, 10, 11]. Als Exergie einer Energie $E_{ex}(E)$ wird der Energieanteil verstanden, der über eine ideale Wandlung bei Vorgabe eines Umgebungszustandes maximal in Nutzarbeit (geschlossenes System) bzw. technische Arbeit (offenes System) überführbar ist. Ob diese Energiewandlung praktisch ausführbar ist, ist hierbei unerheblich. Der Exergienullpunkt wird in den Energiezustand der (exergielosen) Umgebung gelegt; die Exergie einer Energie hat somit Potentialcharakter. Auf die Problematik bei der Definition eines geeigneten Umgebungszustandes (im gehemmten oder ungehemmten Gleichgewicht) wird nicht vertieft eingegangen, siehe z. B. [3]. Der Teil der Energie, der nicht Exergie ist, wird Anergie genannt. Es gilt somit:

$$\text{Energie} = \text{Exergie} + \text{Anergie} \quad \text{oder} \quad E = E_{ex}(E) + E_{an}(E).$$

Dem Begriff Anergie kommt als abgeleitete Größe keine zentrale Bedeutung bei.

Primäres Ziel der Exergiemethode ist die Ermittlung des Exergieverlustes. Die Höhe des Exergieverlustes gibt eine Information über die thermodynamische Güte des betrachteten Prozesses. Ist der Exergieverlust Null, liegt Reversibilität vor.

4.1 Der Exergieanteil von Energien

Die Energien, die nur aus Exergie bestehen wie die technische Arbeit des offenen Systems, die Nutzarbeit des geschlossenen Systems, die gerichtete kinetische Energie, die potentielle Energie im Schwerefeld der Erde und die elektrische und magnetische Feldenergie, bedürfen keiner weiteren Betrachtung, da ihr exergetische Zustand eindeutig ist: $E=E_{ex}(E)$.

Nachfolgend werden ausgewählte Energien behandelt, die Exergieanteile zwischen 0 und 100% aufweisen können: Dies sind die Energieform Wärme, die spezifische Energie eines Stoffes bzw. Stoffstroms, die spezifische Arbeit des geschlossenen Systems, die Energiestromdichte der Wärmestrahlung und die chemische Energie der Brennstoffe. In einem gesonderten Abschnitt wird auf die Exergie der Brennstoffe erneut eingegangen und auf eine hier herrschende strenge Systematik im Hinblick auf die heiße Verbrennung hingewiesen.

4.1.1 Die Exergie der Wärme

Wird einem System mit der Temperatur T die spezifische Wärme dq entzogen und einer differentiellen Carnot-Maschine, die zwischen der Systemtemperatur T und der Temperatur T_U der Umgebung arbeitet, zugeführt, so kann die größtmögliche spezifische Arbeit dw_t gewandelt werden, siehe Abb. 4.1. Diese Arbeit entspricht dem Exergieanteil der Wärme: $de_{ex}(dq)=-dw_t$. Unter Verwendung des Carnot-Wirkungsgrades gilt somit:

$$de_{ex}(dq) = (1 - T_U / T) \cdot dq. \qquad (4.1)$$

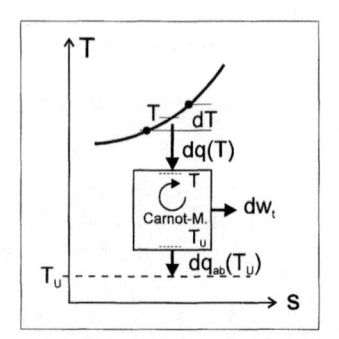

Abb. 4.1 Zur Exergie der Wärme

Gl. (4.1) ist im Regelfall leicht zu integrieren, wenn der Temperaturgang T des wärmetauschenden Systems bekannt ist. Ist dq eine abgegebene (also negative) Wärme, so ist ihr Exergiegehalt negativ bei $T>T_U$ oder positiv bei $T<T_U$. Ist dq

Die Exergiemethode

eine aufgenommene (also positive) Wärme, so ist die über Wärme in das System transportierte Exergie positiv bei $T>T_U$ und negativ bei $T<T_U$. Die Auswertung von Gl. (4.1) zeigt Abb. 4.2.

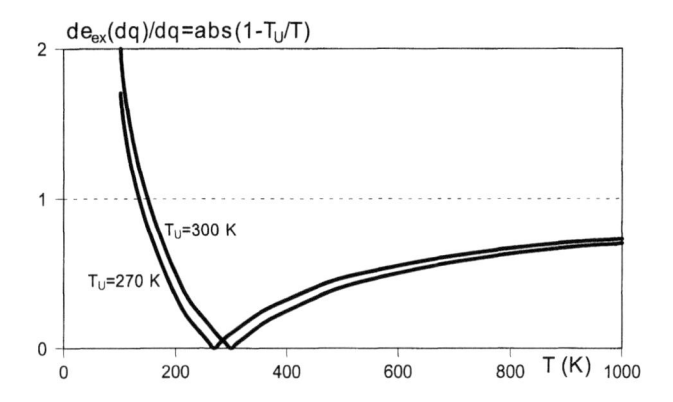

[Diagramm: $de_{ex}(dq)/dq = abs(1-T_U/T)$ für $T_U=270$ K und $T_U=300$ K über $T(K)$ von 0 bis 1000]

Abb. 4.2 Exergie der Wärme bei zwei vorgegebenen Umgebungstemperaturen

Da die Energieform Wärme im streng thermodynamischen Sinne nur beim Passieren einer definierten Systemgrenze auftritt, ist die für die Exergieberechnung maßgebliche Temperatur T die an der Systemgrenze herrschende. Wie man aus Abb. 4.2 erkennen kann, ist der Einfluss einer geänderten Umgebungstemperatur T_U auf den Exergieanteil der Wärme eher gering. Die maßgebliche Umgebungstemperatur ist problemgerecht vorzugeben.

In Abb. 4.3 wird ein System A mit einer Temperatur $T_A>T_U$ betrachtet, das Wärme für einen idealen Wärmekraftprozesses liefert (oberer Teil) bzw. Wärme aus einem idealen Wärmepumpenprozesses aufnimmt (unterer Teil). Im Zusammenspiel mit der Umgebung wird die Aufteilung der Wärme in einen Exergieanteil und einen Anergieanteil verdeutlicht. Der thermodynamische Vorteil einer Wärmepumpenheizung wird über die „Anergienutzung" erkannt.

In Abb. 4.4 wird in entsprechender Weise ein System B mit der Temperatur $T_B<T_U$ betrachtet. Im oberen Teil des Bildes ist ein idealer Kälteprozess, im unteren Teil ein idealer Wärmekraftprozess, der zwischen der Umgebungstemperatur T_U und T_B abläuft, dargestellt. (Randbedingung für letzteren Prozesstyp könnte sich beispielsweise bei der Verdampfung von flüssigem Erdgas mit $\vartheta_s \approx -160°C$ ergeben, [12]). Man erkennt am Beispiel des Kälteprozesses die „Nutzwandlung" der Exergie: Das System nimmt Exergie

auf, um Wärme abgeben zu können. Im Falle des Wärmekraftprozesses ist das kalte System B der Exergielieferant. Diese Exergie ist im Idealfall in frei verfügbare Arbeit wandelbar.

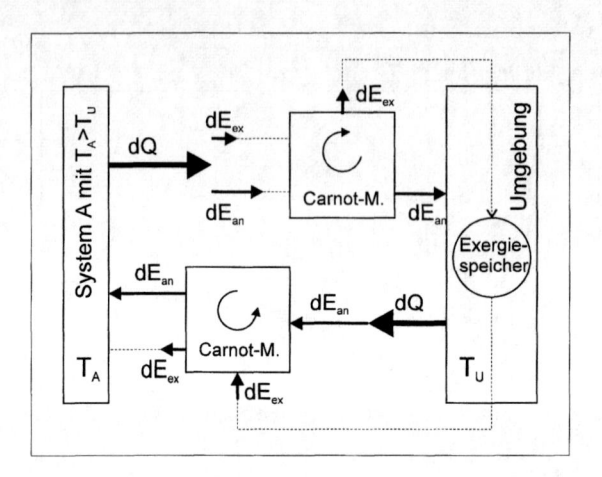

Abb. 4.3 Wärmetausch zwischen einem heißen System A und der Umgebung

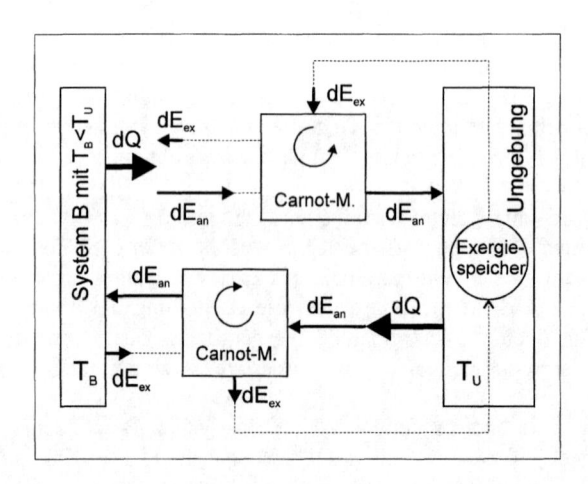

Abb. 4.4 Wärmetausch zwischen einem kalten System B und der Umgebung

4.1.2 Der Exergieanteil der spezifischen Enthalpie und der inneren Energie

Es wird ein offenes System betrachtet, in das ein Massenstrom $\dot{m}$ vom Zustand 1 eintritt. Die spezifische Energie des Massenstroms am Eintritt setzt sich zusammen aus Enthalpie, kinetischer Energie und potentielle Energie:

$$e_1 = h_1 + 0,5 \cdot c_1^2 + g \cdot z_1.$$

Chemische Bindungsenergie wird vorerst nicht betrachtet. Die kinetische und die potentielle Energie bestehen zu 100% aus Exergie, die Enthalpie h_1 hingegen setzt sich aus Exergie und Anergie zusammen. Den Exergieanteil der Enthalpie $e_{ex}(h_1)$ findet sich wie folgt, siehe auch Abb. 4.5:

Der Stoffstrom wird reversibel über einen Prozess auf den Umgebungszustand mit T_U, p_U, c_U=0 m/s, z_U=0 m gebracht, wobei ein Wärmetausch q_{1U} nur bei Umgebungstemperatur T_U zugelassen wird. Diese Wärme ist dann nach Gl. (4.1) exergiefrei. Die im Prozess gewandelte technische Arbeit w_{t1U} wird dann ausschließlich aus dem Exergiegehalt des eintretenden Stoffstroms gedeckt. Es gilt:

$$e_{ex}(h_1) + 0,5 \cdot c_1^2 + g \cdot z_1 = -w_{t1U}. \quad (I)$$

Die spezifische technische Arbeit w_{t1U} wird über den 1. Hauptsatz der Thermodynamik berechnet:

$$q_{1U} + w_{t1U} = (h_U - h_1) + 1/2 \cdot (c_U^2 - c_1^2) + g \cdot (z_U - z_1). \quad (II)$$

Die getauschte Wärme ist dann nach Gl. (2.1) mit w_{R1U}=0 kJ/kg:

$$q_{1U} = T_U \cdot (s_U - s_1). \quad (III)$$

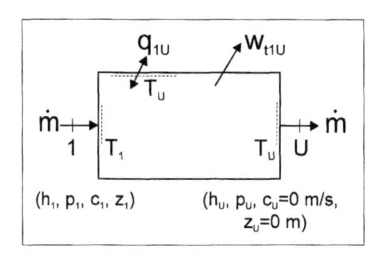

Abb. 4.5 Zur Exergie der Enthalpie h_1

Über die Gleichungen (I) bis (III) findet man die Exergie der Enthalpie $e_{ex}(h_1)$:

$$e_{ex}(h_1) = (h_1 - h_U) - T_U \cdot (s_1 - s_U). \qquad (4.2a)$$

Gl. (4.2a) ist gemäß Herleitung unabhängig vom Stoffmodell des strömenden Mediums.

Der Anergieanteil der Enthalpie ergibt sich aus der Differenz von Energie und Exergie:

$$e_{an}(h_1) = h_1 - e_{ex}(h_1) = h_U + T_U \cdot (s_1 - s_U).$$

Wie bereits F. Bosnjakovic [13] anmerkt, ist die Anergie vom (im Grundsatz willkürlich) festzulegenden Enthalpienullpunkt abhängig, „was der Eignung der Anergie als Vergleichsgröße abträglich ist". Diesen Nachteil hat die Exergie der Enthalpie $e_{ex}(h)$ nach Gl. (4.2a) nicht.

Bei der Ermittlung der Exergie der inneren Energie eines Stoffes vom Zustand 1 $e_{ex}(u_1)$ ist analog vorzugehen. Die innere Energie u_1 eines geschossenen Systems wird in einem getakteten reversiblen Prozess in den Zustand U überführt. Die innere Energie nimmt dann den Wert $u_U=u(T_U,p_U)$ an. Wärme wird wiederum nur bei der Umgebungstemperatur T_U getauscht. Die gewandelte spez. Nutzarbeit nach Gl. (1.2) wird dann aus der Exergie der inneren Energie u_1 bestritten:

$$e_{ex}(u_1) = -w_{N1U}.$$

Man findet entsprechend:

$$e_{ex}(u_1) = (u_1 - u_U) - T_U \cdot (s_1 - s_U) + p_U \cdot (v_1 - v_U). \qquad (4.2b)$$

4.1.3 Die Exergie der Arbeit des geschlossenen Systems

Die spezifische Arbeit eines geschlossenen Systems w_{12} nach Gl. (1.1) setzt sich unter ortsfesten Bedingungen aus zwei Anteilen zusammen: Der spez. Volumenänderungsarbeit w_{V12} und der spez. Reibungsarbeit w_{R12}. Der zu ermittelnde Exergieanteil dieser Arbeit ist der Arbeitsbetrag, der unter idealen Bedingungen und unter Beachtung des herrschenden Umgebungszustandes frei wandelbar (z. B. in potentielle Energie) sein könnte. Zur Ermittlung dieses Exergieanteils wird ein geschlossenes System nach Abb. 4.6 betrachtet, dem die Systemarbeit w_{12} zugeführt wird. Des Weiteren soll, um den Allgemeinfall

Die Exergiemethode

darzustellen, eine Wärme q_{12} zu- oder abgeführt werden. Der Prozess sei irreversibel, was durch das Auftreten der Reibungsarbeit angezeigt wird.

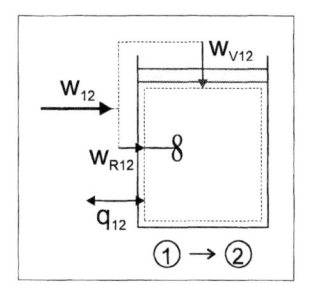

Abb. 4.6 Zur Exergie der spezifischen Systemarbeit w_{12}

Über die Exergiebilanz am geschlossenen System, siehe ausführliche Herleitung in Abschn. 4.2, wird die Exergie der Systemarbeit $e_{ex}(w_{12})$ gefunden:

$$e_{ex}(u_1) + e_{ex}(q_{12}) + e_{ex}(w_{12}) = e_{ex}(u_2) + e_{ex,verl,12}.$$

Die Einführung des spez. Exergieverlust $e_{ex,verl,12}$ ermöglicht die Schließung der Bilanz. Nach Abschnitt 4.2 lässt sich der Exergieverlust als Folge der Reibungsarbeit angeben:

$$e_{ex,verl,12} = T_U \cdot s_{irr,12} = T_U \cdot \int_1^2 dw_R / T.$$

Werden in die Exergiebilanz die Exergien der inneren Energien u_1 und u_2 nach Gl. (4.2b) sowie der Wärme q_{12} nach Gl. (4.1) eingearbeitet, so findet man unter Beachtung des 1. Hauptsatzes ($w_{12}+q_{12}=u_2-u_1$) und der Entropiebilanz nach Gl. (2.3):

$$e_{ex}(w_{12}) = w_{12} + p_U \cdot (v_2 - v_1). \tag{4.3}$$

Die Exergie der Systemarbeit ist somit identisch der Nutzarbeit nach Gl. (1.2). Insbesondere ist die Reibungsarbeit w_{R12} als Bestandteil der Systemarbeit w_{12} ihrem Wesen nach ein zugeführter Exergieanteil (modellhafte Schaufelradarbeit), siehe auch Abschnitt 1.2 und Darstellung in Abb. 4.6; dieser Anteil kann jedoch nicht komplett in abgebare Arbeit gewandelt werden, siehe entsprechende Ausführung in Abschn. 1.1.

4.1.4 Die Exergie der Wärmestrahlung

Materielle Körper strahlen ein Spektrum elektromagnetischer Wellen ab und emittieren damit Energie auf Kosten ihrer inneren Energie. Die Strahlungsverhältnisse können im Einzelfall außerordentlich verwickelt sein, worauf an dieser Stelle nicht eingegangen werden soll. Insbesondere wird eine auf eine Fläche ΔA ankommende Strahlung im Regelfall (z. B. über Reflektionen) von mehreren Sendern unterschiedlicher Temperaturen stammen. Man spricht hier von der Helligkeit einer strahlenden Fläche. Wichtig für die nachfolgenden Überlegungen ist, dass sich die Strahlung unterschiedlicher Sender nicht gegenseitig beeinflussen kann. Um die Exergie der Wärmestrahlung angeben zu können, kann daher ein Strahlenbündel, das ohne Einschränkung der Allgemeinheit von einem schwarzen Strahler mit der Oberflächentemperatur T_1 stammen möge, isoliert betrachtet werden, siehe Abb. 4.7.

Die Energiestromdichte $\dot{e}_{str,1}$ der ausgedehnten schwarzen Strahlungsquelle der Temperatur T_1, die auf die Fläche ΔA fällt, hat nach dem Gesetz von Stefan-Boltzmann den Betrag $\sigma \cdot T_1^4$ mit der Boltzmann-Konstanten $\sigma = 5{,}67 \cdot 10^{-8}$ W/(m$^2 \cdot$ K^4). Ihr Exergiebetrag kann über folgenden Prozess ermittelt werden:

Die Strahlung fällt auf die als schwarz gedachte Fläche ΔA, die durch (reversible) Kühlung auf Umgebungstemperatur T_U gehalten wird; sie wird vollständig absorbiert. Die von der Fläche ΔA abgehenden Energiestromdichten (Eigenstrahlung $\dot{e}_{str,U}$ und Wärme $\dot{q}_U$) sind demnach exergiefrei. Der Exergieanteil der ankommenden Strahlung ist vollständig verschwunden und identisch mit dem im Absorptionsprozess auftretenden Exergieverlust.

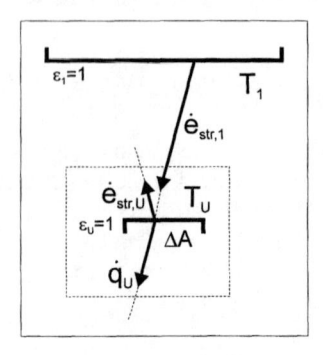

Abb. 4.7 Zur Exergie der Wärmestrahlung

Die Exergiemethode

Die Energiebilanz für den in Abb. 4.7 punktierten Bilanzraum lautet:

$$|\dot{q}_U| = \dot{e}_{str,1} - \dot{e}_{str,U} = \sigma \cdot (T_1^4 - T_U^4). \quad (I)$$

Die Entropiebilanz liefert die Entropieerzeugung des Absorptionsprozesses:

$$\dot{s}_{irr} = (\dot{s}_{str,U} + |\dot{q}_U|/T_U) - \dot{s}_{str,1}. \quad (II)$$

Es ist nun die Entropie der Strahlung zu finden. Ersetzt man analog zu Gl. (2.1) $ds = (dq + dw_R)/T$ mit $dw_R = 0$ die Wärmeenergie (im Sinne eines naheliegenden Ansatzes) durch die Strahlungsenergie, so ergibt sich:

$$d\dot{s} = d\dot{s}_{str} = d\dot{e}_{str}/T = 1/T \cdot (\sigma \cdot 4 \cdot T^3 \cdot dT).$$

Die Integration liefert die Entropiestromdichte der Strahlung einer schwarzen Fläche der Temperatur $T=T_1$:

$$\dot{s}_{str} = \int_0^T d\dot{s} = 4/3 \cdot \sigma \cdot T^3. \quad (III)$$

Wird Gl. (I) und (III) in Gl. (II) eingesetzt, so findet man unter Beachtung des allgemeingültigen Zusammenhangs: $e_{ex,verl} = T_U \cdot s_{irr}$, siehe auch [13]:

$$\dot{e}_{ex}(\dot{e}_{str,1}) = \dot{e}_{ex,verl,1U} = T_U \cdot \dot{s}_{irr} = \sigma \cdot (1/3 \cdot T_U^4 + T_1^4 \cdot (1 - 4/3 \cdot T_U/T_1)). \quad (4.4)$$

Die Exergie der emittierten Strahlung eines schwarzen Strahlers ist mit Gl. (4.4) gefunden. Liegt ein grauer Lambert-Strahler vor, so ist der Exergieanteil dieser Strahlung noch mit dem Emissionsverhältnis ε zu multiplizieren.

In Abb. 4.8 wird Gl. (4.4) ausgewertet. Die relative Exergie der Strahlung $\dot{e}_{ex}(\dot{e}_{str})/\dot{e}_{str}$ zeigt eine Temperaturabhängigkeit, die der relativen Exergie der Wärme $e_{ex}(q)/q$ vergleichbar ist. Im Temperaturbereich $T<T_U$ ist der Exergieverlauf der Strahlung steiler als der der Wärme, siehe Abb. 4.8. Dies findet formal seinen Grund darin, dass nach Gl. (4.4) die Exergiestromdichte der Strahlung bei $T_1=0$ K einen endlichen Grenzwert (153 W/m^2) annimmt und nicht wie die Exergie der Wärme über alle Grenzen geht.

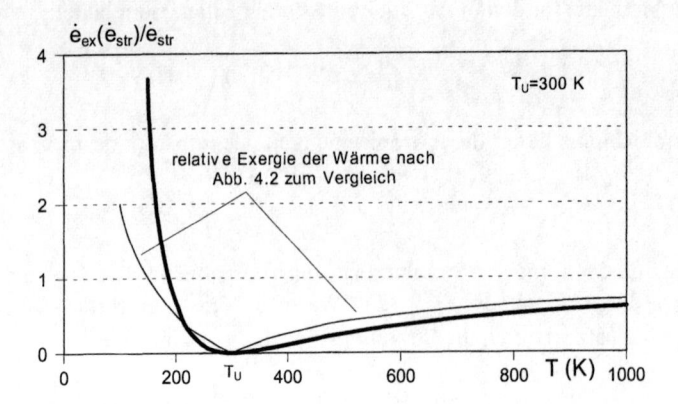

Abb. 4.8 Relative Exergie einer schwarzen Strahlung der Temperatur T

Aus Gl. (4.4) kann man ableiten, dass die Energiestromdichte $\dot{e}_{str}$ der direkten Sonnenstrahlung (Oberflächentemperatur der Sonne ca. 5300 K) zu fast 100 % aus Exergie besteht und somit auch aus thermodynamischem Blickwinkel wertvoll ist. Ist die Wärmestrahlung in technischen Großsystemen zu berücksichtigen, so tritt diese meist nur im Inneren der betrachteten Systeme nennenswert auf, siehe Abb. 4.9. Die Bilanzierung an den Systemgrenzen erfolgt dann im Regelfall über die Energieform Wärme. Insoweit hat Gl. (4.4) für die Thermodynamische Prozessanalyse eine mehr informelle Bedeutung.

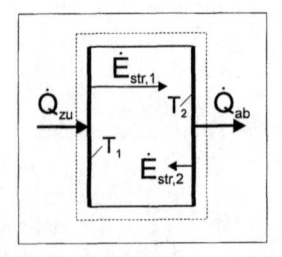

Abb. 4.9 Strahlung innerhalb eines technischen Systems

4.1.5 Die Exergie der Brennstoffe

Es werden vorerst chemisch einheitliche Brennstoffe betrachtet, deren Reaktionsgleichungen mit Sauerstoff bekannt sind. Am Beispiel des Brennstoffs

Die Exergiemethode 53

Methan soll nun dessen Exergie ermittelt werden. Methan reagiert mit Sauerstoff zu CO_2 und Wasser gemäß folgender Reaktion:

$$CH_4 + 2\,O_2 = CO_2 + 2\,H_2O.$$

Die Exergie eines Brennstoffs - hier CH_4 - ergibt sich über folgendes Gedankenexperiment (t'Hoffsche Maschine), siehe z. B. [11]: CH_4 und reiner Sauerstoff O_2 werden unter Stöchiometriebedingungen beim Umgebungsdruck p_U und der Umgebungstemperatur T_U einem idealen gekühlten Reaktionsraum, in dem ständig (hinsichtlich p_U und T_U) Umgebungsbedingungen herrschen, dergestalt zugeführt, dass für jeden Eingangsstoff über isotherm-reversible Expansionsmaschinen Leistung aus dem Druckverhältnis zwischen p_U und dem sich einstellenden Partialdruck im Reaktionsraum abgegeben werden kann. Hierbei ist der Einsatz idealer Trennmembranen Voraussetzung. Im Reaktionsraum findet die isobar-isotherme Oxidationsreaktion, gesteuert durch ideale Katalysatoren, statt, so dass im Reaktionsraum sowohl die Eingangsstoffe wie die Reaktionsstoffe – hier CO_2 und Wasserdampf – unter ihrem Partialdruck auftreten. Um stationäre Bedingungen einzuhalten, werden die Reaktionsstoffe aus dem Reaktionsraum kontinuierlich (über ideale Trennmembranen) abgezogen und in isotherm-reversiblen Kompressionsmaschinen mit entsprechender Leistungsaufnahme auf den Umgebungsdruck p_U verdichtet. In Abb. 4.10 ist das System in Blackbox-Darstellung angegeben. Der Exergiestrom des Brennstoffs $\dot{E}_{ex,B}$ entspricht dann der auftretenden Nettoleistung $|P|$ zuzüglich der Exergieströme der abgehenden Reaktionsprodukte und abzüglich des Exergiestroms des eingesetzten reinen Sauerstoffs:

$$\dot{E}_{ex,B} = \dot{m}_B \cdot e_{ex,B} = |P| + \dot{m}_{CO2} \cdot e_{ex,CO2} + \dot{m}_{H2O} \cdot e_{ex,H2O} - \dot{m}_{O2} \cdot e_{ex,O2}. \quad (4.5)$$

Der Nettowärmestrom $\dot{Q}$, der zur Kühlung und Heizung der gedanklichen Teilsysteme bei T_U auftritt, geht in Gl. (4.5) nicht ein, da er gemäß Gl. (4.1) exergiefrei ist. Um die rechte Seite von Gl. (4.5) auswerten zu können, muss die Nettoleistung P aus einer Energiebilanz am System ermittelt werden. Der in die Bilanz eingehende Wärmestrom $\dot{Q}$ soll hierbei über eine Entropiebilanz gemäß Gl. (2.4a) (mit $\Sigma \dot{S}_{irr} = 0$ wegen unterstellter Reversibilität) eliminiert werden. Die Arbeit pro kmol Brennstoff ergibt sich dann mit Hilfe der in der chemischen Thermodynamik üblichen Begriffe der Reaktionsenthalpie $\Delta^R H$ und der Reaktionsentropie $\Delta^R S$:

$$W_{t,molar} = \Delta^R H(T_U, p_U) - T_U \cdot \Delta^R S(T_U, p_U).$$

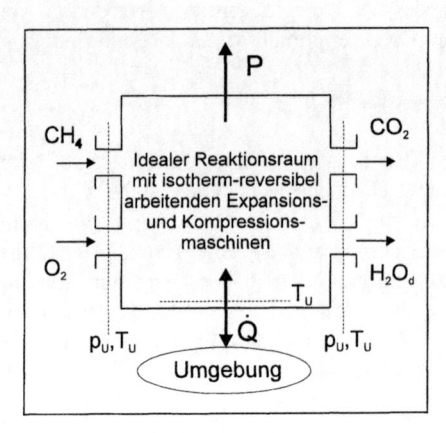

Abb. 4.10 Zur Herleitung der Exergie von Brennstoffen

Die Leistung P wird dann nach Umrechnung mit der Molmasse M_B des Brennstoffs gefunden:

$$P = \dot{m}_B \cdot W_{t,molar} / M_B \ .$$

Die Reaktionsenthalpie $\Delta^R H$ als Differenz der gewichteten molaren Standardbildungsenthalpien der aus- und eintretenden Stoffströme nach Abb. 4.9 entspricht dem negativen molaren Heizwert $Hu(T_U, p_U)$ des Brennstoffs, sofern das Reaktionsprodukt H_2O bei p_U und T_U fiktiv als dampfförmig angenommen wird. Entsprechend ergibt sich die Reaktionsentropie $\Delta^R S$ aus den gewichteten molaren Standardbildungsentropien der beteiligten Stoffströme. Die Daten der Bildungsenthalpien und Bildungsentropien sind aus Tabellenwerken der chemischen Thermodynamik zu entnehmen und ggf. auf den gewählten Umgebungszustand (p_U, T_U) umzurechnen. Damit wird die Leistung P in Gl. (4.5) grundsätzlich berechenbar.

Die spezifischen Exergien der Stoffströme $e_{ex}(h)$ für CO_2, H_2O und O_2 in Gl. (4.5) sind unter Zugrundelegung eines Umgebungsmodells zu ermitteln. Definiert man die Luftzusammensetzung als Teil der exergiefreien Umgebung nach Baehr [14] gemäß Tabelle 4.1 (wasserdampfgesättigte Luft bei p_U=1 bar und T_U=298,15 K), so ergeben sich die dort aufgeführten spezifischen Exergien. Die Exergien $e_{ex}(h)$ entsprechen dem Absolutbetrag der Arbeit, der bei isotherm-reversibler Expansion auf den jeweiligen Partialdruck gewinnbar wäre.

Die Exergiemethode

Für den hier beispielhaft betrachteten Brennstoff Methan ergibt sich dann bei Umgebungsbedingungen folgende spezifische Exergie: $e_{ex,B}=51738$ kJ/kg. Der entsprechende Heizwert des Methans liegt in der gleichen Größenordnung: $Hu_B=50012$ kJ/kg.

Komponenten der gesättigten Luft	Partialdruck (bar)	spez. Exergie (kJ/kg)
N2	0,75608	24,7
O2	0,20284	123,6
H2O	0,03171	474,9
Ar	0,00906	291,9
CO2	0,00031	455,1
SO2	0	4783,4

Tab. 4.1 Zusammensetzung der Umgebungsluft und die Exergien von Sauerstoff und Rauchgaskomponenten beim Druck p_U und der Temperatur T_U

In Tab. 4.1 wird der Exergiegehalt des Schwefeldioxid nach [14] über die chemische Reaktion mit Kalkstein zum exergiefreien Endprodukt Gips entwickelt, da ein angebbarer SO_2-Gehalt in der Umgebungsluft nicht existiert. Dieser Weg ist in sich schlüssig, führt jedoch zu einem erstaunlich hohen Exergiegehalt, der die Brennstoffexergie eines schwefelhaltigen Brennstoffs nach Gl. (4.5), dann erweitert um einen SO_2-Term, entsprechend steigert. Dieser Effekt hat keine Entsprechung in der technischen Wirklichkeit. Es wäre daher zu überlegen, ob dem Umgebungsluftmodell pragmatisch, d. h. ohne Rücksicht auf Gleichgewichtsüberlegungen, eine SO_2-Komponente zugeordnet werden sollte. Unterstellt man z. B. einen normierten SO_2-Gehalt in der Umgebungsluft von 0,01 mg/m³, so ergibt sich für das SO_2-Gas bei (p_U, T_U) eine wesentlich kleinere spezifische Exergie: $e_{ex,SO2}=750$ kJ/kg. Eine solche hier empfohlene Annahme, wenn auch aus formaler Sicht bedenklich, würde sicherstellen, dass der Einfluss des S-Gehalt eines Brennstoffs auf seine Brennstoffexergie in „vernünftigen" Grenzen bleibt.

Sind Brennstoffe chemisch nicht eindeutig definierbar, was bei festen und flüssigen Brennstoffen die Regel ist, so kann die Reaktionsenthalpie und die Reaktionsentropie der Brennstoffbestandteile zur Berechnung der Brennstoffexergie nicht angegeben werden. Der spezifische Exergiegehalt des Brennstoffs ist dann über empirische Gleichungen abzuschätzen. H. D. Baehr (z. B.) hat folgende Gebrauchsformeln angegeben [14]:

Kohle: $e_{ex,B} = Hu \cdot (0{,}978 + 2{,}41(MJ/kg)/Hu)$ für $Hu < 33$ MJ/kg;

Heizöl: $e_{ex,B} = Hu \cdot (1{,}065 - 0{,}320(MJ/kg)/Hu)$ für $Hu < 44$ MJ7kg.

In Abschnitt 4.5 wird auf die Exergie der Brennstoffe erneut eingegangen und für den Fall der „heißen Verbrennung" aufgezeigt, dass im Rahmen der Exergiebilanz nach Abschn. 4.2 auf die Verwendung von empirischen Gleichungen, wie vorstehend angegeben, verzichtet werden kann, sofern der Fokus auf die Ermittlung der thermodynamischen Verluste gerichtet wird.

Thermodynamisches Intermezzo Nr. 4

Aristoteles
(384 v. Chr. - 322)

(aus *Organon*; der Text folgt der Übersetzung durch Julius Heinrich von Kirchmann von 1876)

..... Ferner: Was ist das Eis? Man nehme an, dass es gefrornes Wasser sei; das Wasser soll nun C sein, das Gefrorne A und die Ursache als das Mittlere, nämlich der völlige Mangel an Wärme sei B. Hier ist B in C enthalten und in B ist das Gefrohrensein, oder A enthalten. Also wird Eis, wenn B wird und es ist geworden, wenn B geworden ist und es wird werden, wenn B werden wird. .....

Die Exergiemethode

4.2 Die Exergiebilanz

Im stationären Prozess sind die ein- und ausgebrachten Energien gemäß dem 1. Hauptsatz der Thermodynamik betragsmäßig gleich. Ist der Prozess instationär, so wird die Energiebilanz durch die im System ein- oder ausgespeicherten Energien geschlossen. Ein entsprechender Erhaltungssatz gilt für Exergien nicht. Läuft ein irreversibler Prozess ab, so findet eine Energieabwertung (auch als Verlust an Arbeitsfähigkeit zu bezeichnen) statt, die als Exergieverlust erfasst werden kann. Im irreversiblen Prozess wird unwiderruflich Exergie vernichtet; dieser Exergieverlust ist identisch dem Zuwachs an Anergie. Ziel der Exergiebilanz ist die Ermittlung des Exergieverlustes, der ein quantitatives Maß für die Irreversibilität des ablaufenden Prozesses ist.

In Abb. 4.11 ist der Bilanzraum für ein offenes System (oberes Bild) und ein geschlossenes System (unteres Bild) System angegeben und der Exergieverluststrom $\dot{E}_{ex,verl,12}$ des offenen bzw. der Exergieverlust $E_{ex,verl,12}$ des geschossenen Systems symbolisch durch eine markierte Kreisfläche angegeben.

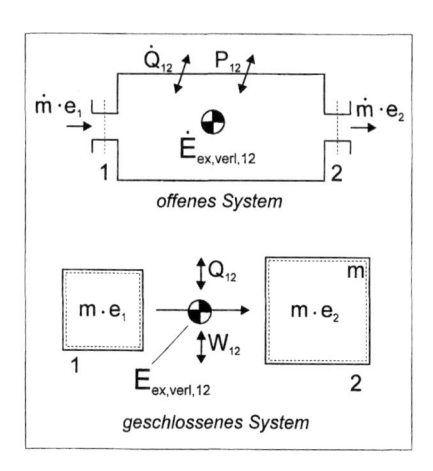

Abb. 4.11 Zur Exergiebilanz

Für das offene System gilt nach Abb. 4.11:

$$\dot{E}_{ex,verl,12} = [\dot{m} \cdot e_{ex}(h_1 + 1/2 \cdot c_1^2 + g \cdot z_1) + \dot{E}_{ex}(\dot{Q}_{12}) + P_{12}] - \dot{m} \cdot e_{ex}(h_2 + 1/2 \cdot c_2^2 + g \cdot z_2). \quad (4.6a)$$

Der Exergieverlust ergibt sich somit aus der Differenz der ein- und austretenden Exergieströme. Hat das offene System mehrere Stoffströme und treten weitere Prozessgrößen auf, so ist Gl. (4.6a) entsprechend zu erweitern. Häufig wird es sinnvoll sein, das offene System in Teilsysteme aufzulösen und für diese jeweils Exergiebilanzen durchzuführen. Auf diese Weise können den einzelnen Komponenten des Systems Exergieverluste zugeordnet werden. Hierauf wird im Abschnitt 4.4 eingegangen.

Der Exergieverlust des geschlossenen Systems wird entsprechend ermittelt. Der Prozess findet getaktet statt, d. h. die Systemzustände liegen zeitlich hintereinander. Nach Abb. 4.11 (unten) lautet die Exergiebilanz:

$$E_{ex,verl,12} = [E_{ex}(m \cdot e_1) + E_{ex}(Q_{12}) + E_{ex}(W_{12})] - E_{ex}(m \cdot e_2) \quad (4.6b)$$

Der Exergieverlust nach Gl. (4.6b) ist die Differenz der zum Zeitpunkt t_1 im System enthaltenen Exergie, die in vielen technischen Fällen nur aus der Exergie der inneren Energie bestehen wird, und der Systemexergie zum Zeitpunkt t_2, zuzüglich der im Zeitintervall t_2-t_1 über Prozessgrößen zu- oder abgeführten Exergien. Treten im Prozess weitere Energiegrößen auf, so ist Gl. (4.6b) entsprechend zu erweitern.

Nachfolgend wird die Exergiebilanz beispielhaft auf eine Wärmekraftmaschine (WKM) angewendet. Es wird unterstellt, dass alle Stoffströme innerhalb der WKM geschlossen sind, d. h. an der Systemgrenze nur die Energien Wärme (bei den Mitteltemperaturen $T=T_{m,zu}$ und $T_0=T_{m,ab}$) und Arbeit auftreten, Abb. 4.12.

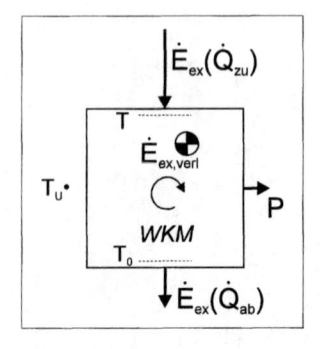

Abb. 4.12 Exergiebilanz einer Wärmekraftmaschine

Die Exergiemethode

Die Exergiebilanz für dieses System nach Abb. 4.12 lautet:

$$|P| = \dot{E}_{ex}(\dot{Q}_{zu}) - \dot{E}_{ex}(|\dot{Q}_{ab}|) - \dot{E}_{ex,verl} \ .$$

Mit $\dot{E}_{ex}(\dot{Q}_{zu}) = (1-T_U/T)\cdot\dot{Q}_{zu}$ und $\dot{E}_{ex}(|\dot{Q}_{ab}|) = (1-T_U/T_0)\cdot|\dot{Q}_{ab}|$ findet man:

$$|P| = [\dot{Q}_{zu} - |\dot{Q}_{ab}|] + [T_U \cdot (|\dot{Q}_{ab}|/T_0 - \dot{Q}_{zu}/T) - \dot{E}_{ex,verl}] \ .$$

Da die Differenz der Wärmeströme der Nettoleistung P entspricht, muss der Ausdruck in der zweiten Klammer Null ergeben. Dies führt zu einer Verknüpfung des Exergieverlustes mit dem Entropietransport über Wärme:

$$\dot{E}_{ex,verl}/T_U = |\dot{Q}_{ab}|/T_0 - \dot{Q}_{zu}/T \ .$$

Hier zeigt sich bereits, dass die Exergiebilanz mit der in Kapitel 2.2 behandelten Entropiebilanz eng verbunden ist, vorauf in Kapitel 4.3 gesondert eingegangen wird.

Über den Exergieverlust kann ein exergetischer Wirkungsgrad η_{ex} als Quotient von exergetischem Nutzen zu exergetischem Aufwand definiert werden:

$$\eta_{ex} = \frac{\text{exertischer Nutzen}}{\text{exergetischer Aufwand}} \ .$$

Dies soll am Beispiel einer adiabaten Expansionsmaschine nach Abb. 4.13 dargestellt werden.

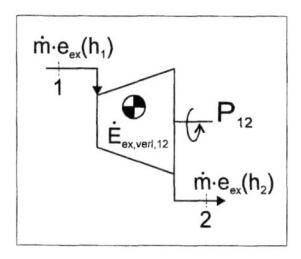

Abb. 4.13 Zum exergetischen Wirkungsgrad

Geht man davon aus, dass die Exergie des Abgases $\dot{m}\cdot e_{ex}(h_2)$ in einem Folgeprozess genutzt werden könnte, so ergibt sich der Exergieverlust nach Gl. (46a) zu

$$\dot{E}_{ex,verl,12} = \dot{m}\cdot(e_{ex}(h_1)-e_{ex}(h_2)) - |P_{12}|.$$

Der exergetische Wirkungsgrad für das Beispiel nach Abb. 4.13 findet sich dann wie folgt:

Ansatz a:

$$\eta_{ex,I} = |P_{12}|/(\dot{m}\cdot(e_{ex}(h_1)-e_{ex}(h_2))) = 1 - \dot{E}_{ex,verl,12}/(\dot{m}\cdot(e_{ex}(h_1)-e_{ex}(h_2))).$$

Ansatz b:

$$\eta_{ex,II} = (|P_{12}| + \dot{m}\cdot e_{ex}(h_2))/(\dot{m}\cdot e_{ex}(h_1)) = 1 - \dot{E}_{ex,verl,12}/(\dot{m}\cdot e_{ex}(h_1)).$$

Ist der Exergieverlust Null, so verläuft der Prozess reversibel und der exergetische Wirkungsgrad nimmt den Wert 1 an.

Ist die Exergie des Abgases vollständig als Verlust zu buchen, d. h. bei Einleitung der Abgase von Zustand 2 in die Umgebung, so erhöht sich der für den exergetischen Wirkungsgrad relevante Exergieverlust entsprechend:

Ansatz c:

$$\eta_{ex,III} = 1 - (\dot{E}_{ex,verl,12} + \dot{m}\cdot e_{ex}(h_2))/\dot{m}\cdot e_{ex}(h_1).$$

Man erkennt, dass exergetische Wirkungsgrade problemgerecht zu definieren sind. Sind die Prozessziele und die Prozessmotivation bekannt, ist der exergetische Nutzen und Aufwand und damit der Wirkungsgrad immer sinnvoll anzugeben.

Als weiteres Beispiel wird der exergetische Wirkungsgrad des Wärmetauscherprozesses betrachtet. Da der Prozess nach Abschnitt 3.1 grundsätzlich irreversibel ist, wird ein exergetischer Wirkungsgrad $\eta_{ex,WT} < 1$ erwartet. In Abb. 4.14 wird ein spezieller Fall betrachtet. Die Temperatur auf der Heizseite des Wärmetauscher sein konstant ($T_{1A}=T_{2A}$, siedendes Wasser), auf der Aufheizseite soll Luft von Umgebungstemperatur $T_{1B}=T_U$ auf T_{2B} aufgewärmt werden. Druckverluste auf der Heiz- und Aufheizseite werden vernachlässigt.

Die Exergiemethode 61

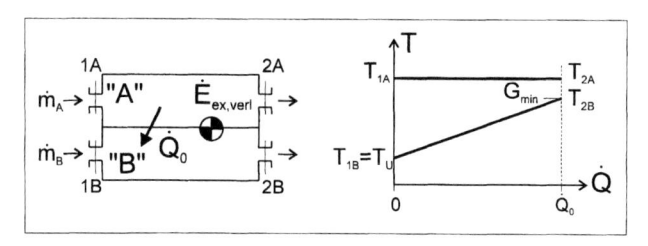

Abb. 4.14 Zum exergetischen Wirkungsgrad des Wärmetauscherprozesses

Der Exergieverluststrom $\dot{E}_{ex,verl,WT}$ ergibt sich aus der Exergiebilanz nach Gl. (4.6a), also aus der Differenz der ein- und austretenden Exergien der Enthalpieströme, oder - was gleichwertig ist - aus der Differenz der Exergien der aus „A" (Heizseite) abgehenden und in „B" (Aufheizseite) ankommenden Wärmeströme:

$$\dot{E}_{ex,verl,WT} = (1 - T_U/T_{1A}) \cdot |\dot{Q}_0| - \int_{T_{1B}}^{T_{2B}} (1 - T_U/T_B) \cdot d\dot{Q}_0 .$$

Damit ist der exergetische Wirkungsgrad $\eta_{ex,WT}$ gefunden:

$$\eta_{ex,WT} = \dot{E}_{ex}(\dot{Q}_{0,(B)})/\dot{E}_{ex}(|\dot{Q}_{0,(A)}|) = 1 - \dot{E}_{ex,verl,WT}/[(1 - T_U/T_{1A}) \cdot |\dot{Q}_0|] .$$

Für den Prozess gemäß Abb. 4.14 soll für $T_{1A}=T_{2A}=373$ K und $T_{1B}=T_U=293$ K mit c_{pB}=const=1 kJ/kg K der exergetische Wirkungsgrad $\eta_{ex,WT}$ in Abhängigkeit der Grädigkeit G_{min} ermittelt werden, siehe Abb. 4.15.

Die beispielhafte Auswertung des exergetischen Wirkungsgrades eines Wärmetauschers gibt einen Hinweis auf eine wesentliche Quelle der Irreversibilität in technischen Systemen, dem Wärmetransport bei endlicher Temperaturdifferenz. Hierauf ist bei Prozessoptimierungen besonders zu achten, siehe auch Abschn. 7.

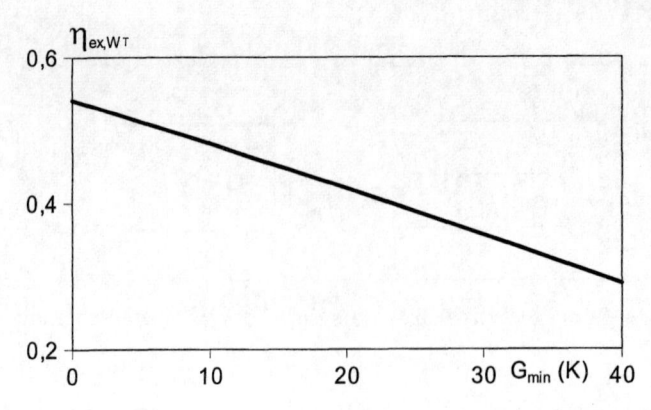

Diagram: η_{ex,WT} vs G_{min} (K), linear decreasing line from ~0.55 at 0 to ~0.28 at 40.

Abb. 4.15 Der Exergetische Wirkungsgrad als Funktion der Grädigkeit

4.3 Der Zusammenhang zwischen Exergie- und Entropiebilanz

Die Exergiebilanz liefert als wesentliches Ergebnis den Exergieverlust $e_{ex,verl,12}$, die Entropiebilanz die erzeugte Entropie $s_{irr,12}$. Beide Größen quantifizieren jede für sich die Irreversibilität des ablaufenden Prozesses; es muss daher ein thermodynamisch enger Zusammenhang bestehen. Nachfolgend soll dieser Zusammenhang, der in der Literatur auch als Gouy-Stodola-Gesetz bezeichnet wird, abgeleitet werden. Dazu wird beispielhaft ein Prozess im offenen System nach Abb. 4.16 betrachtet. Der Prozess sei irreversibel, angezeigt durch einen spezifischen Exergieverlust $e_{ex,verl,12}$ und eine spezifische Entropieerzeugung $s_{irr,12}$.

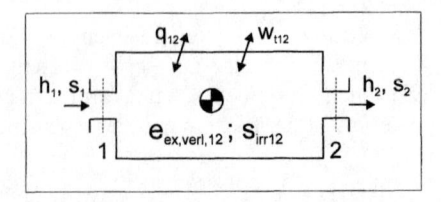

Diagram: Offenes System mit Eingang h_1, s_1 bei 1, Ausgang h_2, s_2 bei 2, Wärme q_{12} und technische Arbeit w_{t12}, im Inneren $e_{ex,verl,12}$; s_{irr12}.

Abb. 4.16 Exergieverlust und Entropieerzeugung

Die Exergiemethode

Die Exergiebilanz:

$$e_{ex,verl,12} = (e_{ex}(h_1) - e_{ex}(h_2)) + \int_1^2 (1 - T_U/T) \cdot dq + w_{t12}$$
$$= (h_1 - h_2) - T_U \cdot (s_1 - s_2) + q_{12} - T_U \cdot \int_1^2 dq/T + w_{t12}. \quad (I)$$

Nach dem 1. Hauptsatz gilt:

$$q_{12} + w_{t12} = h_2 - h_1. \quad (II)$$

Aus (I) und (II) folgt unter Verwendung der Entropiebilanzgleichung (2.4) der gesuchte Zusammenhang:

$$e_{ex,verl,12} = T_U \cdot s_{irr,12}. \quad (4.7a)$$

Der Exergieverlust ist proportional der Entropieerzeugung mit der Umgebungstemperatur T_U als Proportionalitätskonstante. Der Exergieverlust hat damit keinen höheren Aussagewert als die Entropieerzeugung. Gl. (4.7) hat universelle Gültigkeit: Ein komplexes offenes System kann man sich immer aus Teilsystemen der Art nach Abb. 4.15 zusammengesetzt denken, so dass der Zusammenhang nach Gl. (4.7) für die aufsummierten Exergieverluste und die aufsummierten Entropieerzeugungen bestehen bleibt:

$$\sum \dot{E}_{ex,verl} = T_U \cdot \sum \dot{S}_{irr} \quad (4.7b)$$

Für geschlossene Systeme gilt der entsprechende Zusammenhang.

Auf eine vergleichende Bewertung der Methoden soll an dieser Stelle nicht eingegangen werden; in Abschn. 5.3.2 wird hierauf zurückgekommen. In der Graphik nach Abb. 4.17 wird der Zusammenhang zwischen Entropie- und Exergiebilanz plakativ verdeutlicht.

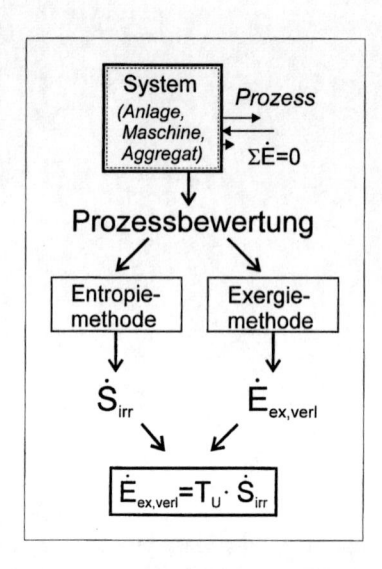

Abb. 4.17 Exergie- und Entropiemethode

4.4 Rechenbeispiele zur Exergiebilanz

Wie in Abschnitt 4.2 dargelegt, kann der exergetische Wirkungsgrad η_{ex} in Abhängigkeit des Exergieverlustes angegeben werden. Dies wird nachfolgend auf Kreisprozesse angewendet. Der Exergieverlust setzt sich hier aus der Summe der Einzelverluste $\dot{E}_{ex,verl,i}$, die in den einzelnen Teilsystemen i anfallen, zusammen:

$$\eta_{ex} = 1 - \sum (\dot{E}_{ex,verl,i}) / \dot{E}_{ex,zu} = 1 - \sum C_i \qquad (4.8)$$

mit $\dot{E}_{ex,zu}$ als Exergie-Inputstrom und $C_i = \dot{E}_{ex,verl,i} / \dot{E}_{ex,zu}$ als exergetischem Irreversibilitätselement. Die Elemente C_i liefern das *exergetische Irreversibilitätsprofil* des betrachteten Prozesses.

Es werden nachfolgend zwei Modellprozesse, ein Dampfkraftprozess und ein Gasturbinenprozess, betrachtet.

Die Exergiemethode 65

4.4.1 Dampfkraftprozess als erstes Beispiel

Der Dampfkraftprozess nach Abb. 4.18 hat folgende Hauptdaten: $\vartheta_{max}=500°C$; $p_{max}=165$ bar; $p_{Z1}=33$ bar; $p_{Z2}=5$ bar; $p_{min}=0,05$ bar. Weitere Daten sind in der Abbildung angegeben. Die auftretenden Irreversibilitätsquellen sind aus Abb. 4.18 erkennbar: Irreversibler Druckauf- und -abbau über die Vorgabe von isentropen Maschinenwirkungsgraden (η_{ST}, η_{SP}), Druckverluste symbolisiert durch Drosseln (Δp_a, Δp_b, Δp_c), Mischungsverluste im Mischvorwärmer und Verluste durch Wärmetransport bei endlicher Temperaturdifferenz im Oberflächenvorwärmer (Grädigkeit G_{min}). Die Kreisprozessrechnung ergibt einen thermischen Wirkungsgrad von $\eta_{th} = \sum |P|/\dot{Q}_{zu} = 0,437$. Der zugehörige exergetische Wirkungsgrad hat den Wert von $\eta_{ex} = \sum |P|/\dot{E}_{ex}(\dot{Q}_{zu}) = 0,868$.

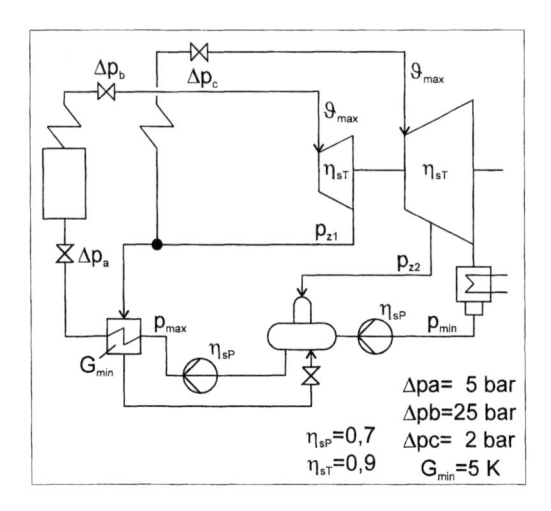

Abb. 4.18 Schaltung des Dampfkraftprozesses

Über die exergetischen Irreversibilitätselemente C_i ist ein tiefer Einblick in das Prozessgeschehen im Wasser/Dampf-System möglich. In Abb. 4.19 sind die Irreversibilitätselemente in einem Balkendiagramm dargestellt. Man erkennt, dass für den hier betrachteten Modellprozess der Hauptanteil der Irreversibilität in der ND-Turbine und im Mischvorwärmer (Speisewasservorwärmer) zu finden ist.

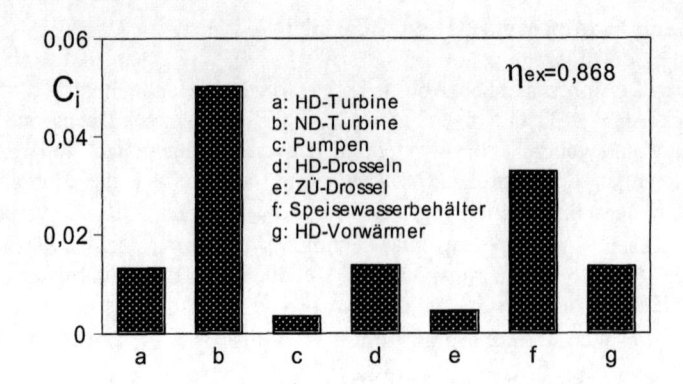

```
0,06
Cᵢ                                              η_ex=0,868
        a: HD-Turbine
0,04    b: ND-Turbine
        c: Pumpen
        d: HD-Drosseln
        e: ZÜ-Drossel
        f: Speisewasserbehälter
0,02    g: HD-Vorwärmer

0
    a    b    c    d    e    f    g
```

Abb. 4.19 Zugeordnete Irreversibilitätselemente zum Dampfkraftprozess nach Abb. 4.18

4.4.2 Gasturbinenprozess als zweites Beispiel

Es wird nun ein Gasturbinenprozess mit Rekuperatorschaltung nach Abb. 4.20 betrachtet. Als Brennstoff ist Methan vorgesehen; die Hauptprozessdaten sind in den Abbildungen 4.20 und 4.21 aufgeführt. Für die Rechnung wird vereinfachend das Stoffmodell idealer Gasmischungen mit konstanten spezifischen Wärmekapazitäten verwendet. Innere Irreversibilitätsquellen haben ihre Ursachen in nichtidealen Maschinenwirkungsgraden, Druckverlusten, im Wärmetransport im Rekuperator und im Brennkammerprozess. (Die Zuordnung ist aus Abb. 4.20 ersichtlich.) Die Rechnung ergibt einen thermischen Wirkungsgrad von η_{th}=0,53 (ungekühlte Maschine!).

Das zugehörige exergetische Irreversibilitätsprofil ist in Abb. 4.21 aufgeführt. Das Irreversibilitätselement C_d (Mischung) beinhaltet zwei Anteile, die Einmischung der Abgase in die Umgebung und die gedanklich getrennte Zumischung der Überschussluft in das stöchiometrische Rauchgas nach Brennkammer, siehe auch Abb. 5.23. Das Element C_f (Verbrennung) hat dem entsprechend seine Ursache in der (gedanklich) stöchiometrischen Verbrennung als modelliertem Teilschritt des Verbrennungsprozesses.

Es zeigt sich das bekannte Ergebnis, dass die Verbrennung im offenen Gasturbinenprozess den höchsten Einzelexergieverlust verursacht. Das zugehörige exergetische Irreversibilitätselement C_f ist jedoch unvermeidlich, da der Brennstoff im betrachteten Prozess nur über die „heiße" Verbrennung genutzt werden kann.

Die Exergiemethode

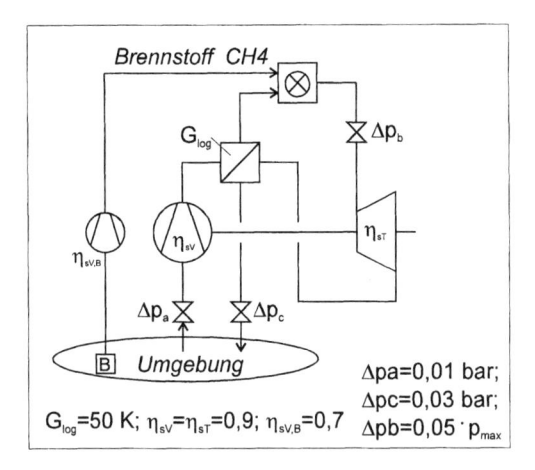

Abb. 4.20 Schaltung des Gasturbinenprozesses

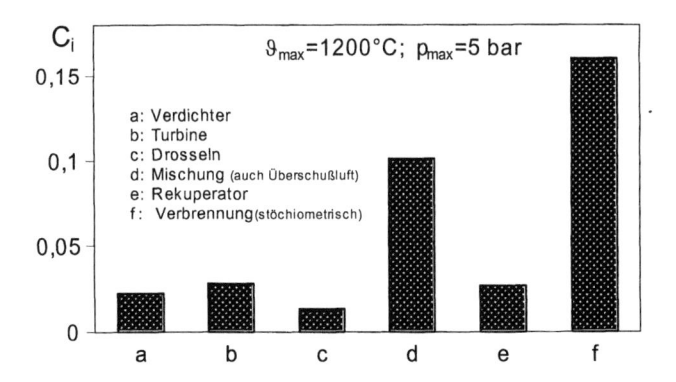

$G_{log}=50$ K; $\eta_{sV}=\eta_{sT}=0,9$; $\eta_{sV,B}=0,7$

$\Delta p_a=0,01$ bar; $\Delta p_c=0,03$ bar; $\Delta p_b=0,05 \cdot p_{max}$

Diagramm: $\vartheta_{max}=1200°C$; $p_{max}=5$ bar

a: Verdichter
b: Turbine
c: Drosseln
d: Mischung (auch Überschußluft)
e: Rekuperator
f: Verbrennung (stöchiometrisch)

Abb. 4.21 Zugeordnete Irreversibilitätselemente zum Gasturbinenprozess nach Abb. 4.19

Die beispielhaften Irreversibilitätsprofile nach Abb. 4.19 und 4.21 können als Eingangsinformation für eine Prozessverbesserung verwendet werden. Auf die diesbezüglichen Möglichkeiten wird in Abschn. 7 eingegangen.

4.5 Zur exergetischen Systematik von Brennstoffen

In Abschnitt 4.1.5 ist die Brennstoffexergie aus der chemischen Qualität des Brennstoffs über ein Gedankenexperiment nach Abb. 4.9 und unter Vorgabe eines Umgebungsmodells entwickelt worden. Nachfolgend wird ein anderer Weg beschritten: Der zu betrachtende Brennstoff wird im Prozess der „heißen Verbrennung" vollständig in seine Reaktionsprodukte (Rauchgas und Unverbrennliches) gewandelt. Dieser Prozess wird nun einer Exergiebilanz unterzogen und führt im Ergebnis zu einer umfassenden Systematik in der Bewertung von Brennstoffen. Dieser Ansatz unterstellt, wie bereits erwähnt, die „heiße", d. h. elektrochemisch ungeordnete Stoffwandlung. (Der Stoffwandlungsprozess der Brennstoffzelle z. B. wird somit hier nicht einbezogen.)

In Bild 4.22 ist der Verbrennungsprozess unter idealen Bedingungen mit anschließender isobarer Abkühlung der Rauchgase auf Umgebungstemperatur T_U modellhaft dargestellt. Die Massenströme von Luft und Rauchgas ($\dot{m}_L$, $\dot{m}_B$) wandeln sich in Rauchgas ($\dot{m}_R$); der abgegebene Wärmestrom $\dot{Q}_{ab}$ entspricht unter den Bedingungen des „kalorischen Experimentes" dem Brennwert Ho des Brennstoffs: $Ho = -\dot{Q}_{ab} / \dot{m}_B$.

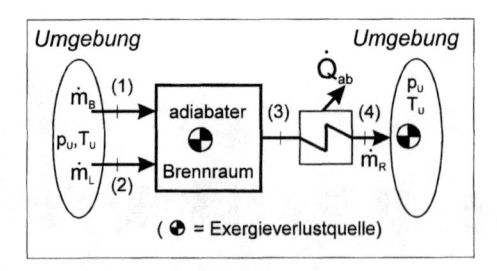

Abb. 4.22 Verbrennungsprozess mit Exergieverlusten

Der Prozess weist zwei unvermeidliche Exergieverlustquellen auf: Der Exergieverlust der Stoffwandlung im adiabaten Brennraum und der Exergieverlust der Einmischung der auf Umgebungstemperatur T_U gekühlten Rauchgase in die Umgebung (Partialdruckangleichung der Rauchgaskomponenten auf den Umgebungszustand nach Tab. 4.1). Der letztere Exergieverlust ($e_{ex,verl,misch}$) ist aus den Daten der elementaren Verbrennungsrechnung problemlos ermittelbar; der erstere ($e_{ex,verl,V}$) ebenfalls, sofern die

Die Exergiemethode 69

spezifische Brennstoffexergie $e_{ex,B}$ bekannt ist, da dieser Verlust dann im Rahmen der Exergiebilanz, Abschnitt 4.2, als alleinige Unbekannte auftritt:

$$\dot{m}_B \cdot e_{ex,B} = \dot{E}_{ex}(|\dot{Q}_{ab}|) + \dot{E}_{ex,verl,V} + \dot{E}_{ex,verl,misch} \qquad (4.9)$$

mit $\dot{E}_{ex,verl,V} = \dot{m}_B \cdot e_{ex,verl,V}$ und $\dot{E}_{ex,verl,misch} = \dot{m}_B \cdot e_{ex,verl,misch}$.

Wird ein Brennstoff unter stöchiometrischen Bedingungen beim Standarddruck $p_U=1$ bar und bei der Standardtemperatur $T_U=298{,}15$ K (hier gleich der Umgebungstemperatur gesetzt) gemäß Abb. 4.22 vollständig verbrannt, so ist der exergetische Wert dieses Brennstoffs über die Differenz ($e_{ex,B}-e_{ex,verl,V}$) eher besser erfasst als über seine Brennstoffexergie alleine, da der mit der Verbrennung einhergehende exergetische Verlust, der untrennbar mit der unterstellten Brennstoffnutzung verbunden ist, unmittelbar einbezogen ist. Dividiert man diese Differenz formal mit dem Produkt aus der spezifischen Wärmekapazität der Verbrennungsluft $c_{pm,L}(T_U) = 1{,}021\,\text{kJ}/(\text{kg}\cdot\text{K})$ und der Umgebungstemperatur T_U, so ist als neu definierte Größe der *exergetische Brennstoffwert EBW$_0$* in dimensionsloser Form gefunden:

$$EBW_0 = (e_{ex,B} - e_{ex,verl,V})/(c_{pm,L} \cdot T_U). \qquad (4.10)$$

Der Index 0 weist darauf hin, dass die Exergieverlustgröße $e_{ex,verl,V}$ bei T_U und p_U sowie unter stöchiometrischen Bedingungen zu ermitteln ist.

Zunächst für chemisch definierte Brennstoffe wird der exergetische Brennstoffwert EBW$_0$ nach Gl. (4.10) über eine Exergiebilanz am System nach Abb. 4.22 ermittelt. Das Ergebnis ist in Abb. 4.23 ausgewertet. (Die untersuchten Brennstoffe sind dort aufgeführt.)

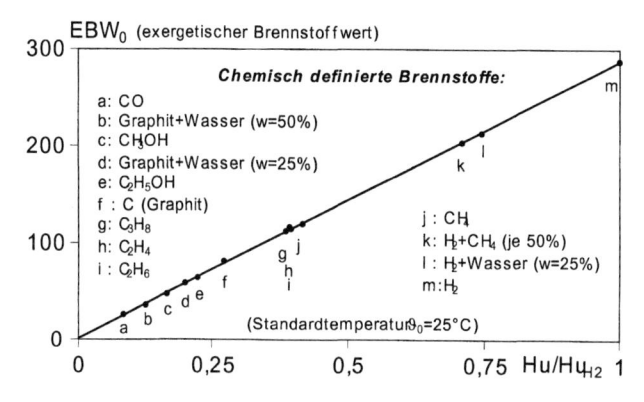

Abb. 4.23 Der exergetische Brennstoffwert chemisch definierter Brennstoffe

Bei allen untersuchten Brennstoffe lässt sich EBW_0 als Funktion des Heizwertes Hu in der Dimension [kJ/kg], im Bild normiert mit dem Heizwert für Wasserstoff mit Hu_{H2}=119946,3 kJ/kg, in einer Graden durch den Nullpunkt angeben. Die Gradengleichung lautet:

$$EBW_0 = 288{,}13 \cdot Hu / Hu_{H2}. \qquad (4.11)$$

Der exergetische Brennstoffwert zeigt damit ein bemerkenswert einfaches Verhalten. Die diesbezüglichen Erwartungen an lineare Abhängigkeiten (Stichwort: statistische Verbrennungsrechnung) werden weit übertroffen. Ist der Heizwert Hu eines Brennstoffs bekannt, ist auch EBW_0 festgelegt. Alle sonstigen individuellen Brennstoffeigenschaften wie Brennstoffzusammensetzung, spezifischer Luftbedarf und stöchiometrische Verbrennungstemperatur sind ohne Einfluss auf den exergetischen Verbrennungswert EBW_0. Der Heizwert Hu gewinnt auch aus exergetischer Sicht eine zentrale Bedeutung.

(Ein Hinweis: Auf thermodynamisch exaktem Wege, d. h. über eine Exergiebilanz, kann man zeigen, dass die Größe EBW_0 nicht nur vom Heizwert Hu, sondern auch von der Exergie der Enthalpie der Rauchgase $e_{ex}(h_R(T_U,p_U))$ abhängt. Dieser Einfluß von $e_{ex}(h_R)$ wird jedoch quantitativ nicht wirksam; insoweit ist Gl. (4.11) nicht von vornherein selbstverständlich.)

Es werden nun chemisch nicht-definierte Brennstoffe wie Kohlen und Heizöle betrachtet, deren spezifische Exergien wegen der chemisch komplexen Brennstoffzusammensetzung und der damit unbekannten absoluten Entropien der Brennstoffkomponenten nicht angebbar sind. Hingegen ist der exergetische Brennstoffwert EBW_0 nach Gl. (4.9) einfach zu berechnen. Ist die Elementaranalyse eines Brennstoffs sowie sein Heiz- oder Brennwert bekannt, so liefert die Exergiebilanz am System nach Abb. 4.21 die Differenz ($e_{ex,B}$-$e_{ex,verl,V}$) als einzige Unbekannte. Hierin besteht kein Unterschied zu den zuvor betrachteten chemisch definierten Brennstoffen. In Abb. 4.24 ist der so berechnete exergetische Brennstoffwert EBW_0 von unterschiedlichen Kohlen und Heizölen in die Graphik von Abb. 4.23 eingetragen. Die verwendeten Brennstoffdaten (Elementaranalyse und Heizwert Hu) sind willkürlich der umfassenden Datensammlung von F. Brandt [15] entnommen. Die Daten decken ein weites Heizwertband ab. Auch andere Brennstoffe aus der Sammlung Brandt wie Sulfitablauge, Steinkohlenteeröl und Benzine passen sich „nahtlos" ein. Es ist festzuhalten, dass Gl. (4.11) auch für chemisch nicht-definierte Brennstoffe ohne Einschränkung gültig ist.

Die Exergiemethode 71

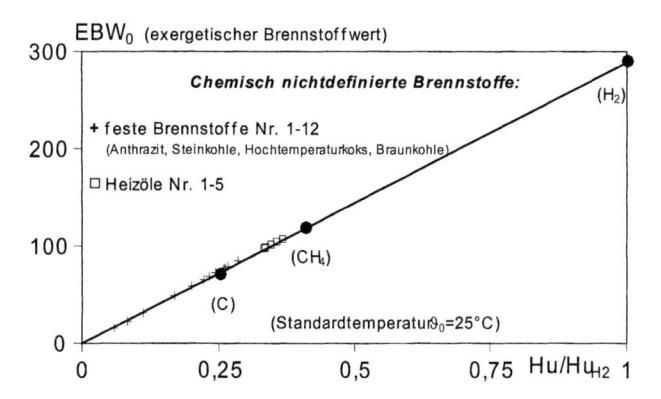

Abb. 4.24 Der exerg. Brennstoffwert chemisch nicht-definierter Brennstoffe

Bei geänderten Verbrennungsbedingungen verändert sich auch der exergetische Brennstoffwert, da bekanntermaßen der spezifische Exergieverlust der Verbrennung $e_{ex,verl,V}$ z. B. vom Temperaturniveau der Verbrennung und damit von den Eingangstemperaturen von Luft und Brennstoff abhängt. Nachfolgend wird der Einfluss einer (gedanklich modellierten) einheitlichen Eingangstemperatur T_x von Luft und Brennstoff in den Brennraum nach Abb. 4.25 (innerer gestrichelter Bilanzkreis) analysiert. Alle sonstigen irreversiblen Effekte wie die Druckanpassung der Reaktionsteilnehmer an den Brennraumdruck, der Temperaturausgleich im gedanklich vorgestellten Wärmeaustauscher zur Schaffung einer einheitlichen Eingangstemperatur T_x und die modellhafte Zumischung der Überschussluft in das Rauchgas bei einem Luftverhältnis von $\lambda > 1$ liegen im äußeren Bilanzkreis nach Abb. 4.25; sie lassen sich auf bekannte Weise als exergetische Einzelverluste ermitteln.

Der exergetische Brennstoffwert $EBW(T_x, p_x) = EBW_x$ ist nun unter den Bedingungen des inneren Bilanzkreises nach Abb. 4.25 zu finden. Er ist entsprechend EBW_0 wie folgt definiert: Differenz der pro kg Brennstoff durch Brennstoff und Luft bei der Temperatur $T_x \neq T_0$ und dem Druck $p_x \neq p_U$ in den Brennraum eingebrachten Exergie und dem sich einstellenden geänderten spezifischen Exergieverlust der Verbrennung $e_{ex,verl,V}$, dividiert durch das Produkt $(c_{pm,L} \cdot T_U)$ gemäß Gl. (4.10).

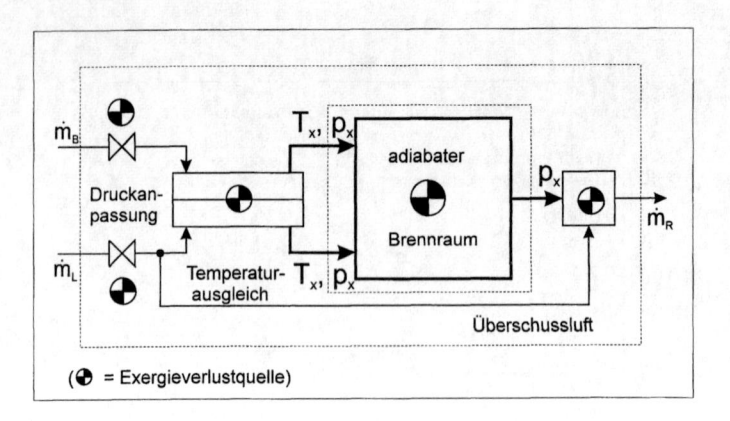

Abb. 4.25 Verbrennung unter variablen Prozessbedingungen

Der Unterschied von EBW_x (Eingangstemperatur T_x, p_x) zu EBW_0 (Eingangstemperatur $T_0=T_U$, p_U) findet sich in der geänderten Exergie der Rauchgasenthalpieströme $\dot{E}_{ex,R}$ am Austritt des Brennraumes

$$\Delta e_{ex,R} = 1/\dot{m}_B \cdot (\dot{E}_{ex,R,x} - \dot{E}_{ex,R,0})$$

wieder. Somit gilt mit $\Delta EBW = \Delta e_{ex,R}/(c_{pm,L} \cdot T_U)$:

$$EBW_x = EBW_0 + \Delta EBW. \qquad (4.12)$$

Der exergetische Brennstoffwert EBW_x eines beliebigen Brennstoffs wird durch seinen Wert EBW_0 bei Standardbedingungen ($T_0=T_U$, p_U) nach Gl. (4.11) und einem betrieblich bedingten Korrekturterm ΔEBW beschrieben. Die Berechnung des Korrekturterms ist elementar; sind die Rauchgasenthalpien und Rauchgasentropien bei den Brennraumeintrittstemperaturen T_x und T_U und den Drücken p_x und p_U aus der Verbrennungsrechnung bekannt, so liegt auch die Differenz der Exergien der entsprechenden Enthalpien vor und damit ΔEBW. Am Beispiel der Brennstoffe Methan und Wasserstoff wird der Korrekturterm in Abhängigkeit von T_x in Abb. 4.26 ausgewertet.

In die Berechnung des Korrekturterms geht die individuelle Rauchgaszusammensetzung des Brennstoffs ein. Man erkennt am Beispiel nach Abb. 4.26, dass sich Brennstoffe hinsichtlich ΔEBW sehr unterschiedlich verhalten.

Die Exergiemethode 73

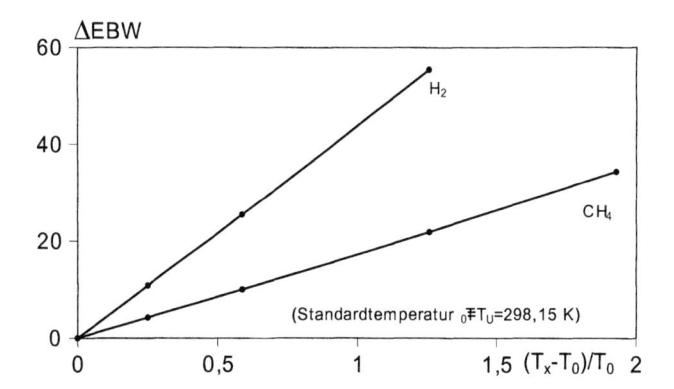

Abb. 4.25 Auswertung des betrieblich bedingten Korrekturterms ΔEBW

Mit Hilfe der Gleichungen (4.11) und (4.12) sind Exergiebilanzen auch dann möglich, wenn die spezifischen Exergien der eingesetzten Brennstoffe unbekannt sind. Es muss lediglich die Elementaranalyse und der Heizwert der Brennstoffe bekannt sein. Insbesondere sind empirische Gleichungen zur Berechnung der Exergie chemisch nicht-definierter Brennstoffe, siehe Abschnitt 4.1.5, verzichtbar. Gl. (4.11) kann daher zu Recht im Hinblick auf die „heiße" Verbrennung als ein universales Brennstoffgesetz bezeichnet werden. Eine theoretische Begründung dieses Universalgesetzes auf Basis der thermodynamischen Hauptsätze wird nicht gelingen. Vielmehr liegt eine strenge statistische Gesetzmäßigkeit vor. Die Zukunft wird zeigen, welcher Nutzen aus dieser Gesetzmäßigkeit zu ziehen sein wird.

4.6 Zusammenfassung

Mit Hilfe der Exergiemethode kann jeder Prozess, d. h. jede Energiewandlung, analysiert werden. Jeder im Prozess auftretenden Energie ist zweifelsfrei ein Exergieanteil zuzuordnen, dessen „Schicksal" mit der Methode der Exergiebilanz verfolgt werden kann. Ist der Prozess irreversibel, so wird Exergie vernichtet und unwiderruflich in Anergie gewandelt. Die Höhe des Verlustes an Exergie charakterisiert die Prozessgüte.

Der Exergieverlust, der im System anfällt, lässt sich aufgliedern. So ist es möglich, den Teilsystemen (Aggregat, Apparat, Einzelmaschine etc.)

Exergieverluste zuzuordnen und damit einen tiefen thermodynamischen Einblick in das Prozessgeschehen zu gewinnen. Daraus können sich Ansätze für eine Prozessverbesserung ergeben. Die Einzelexergieverluste lassen sich, wie in der Fachliteratur üblich, in Exergieflußbildern anschaulich darstellen. Die Darstellung der Exergieverluste über dimensionslose Irreversibilitätselemente in Balkendiagrammen, wie in Abschnitt 4.4 ausgeführt, ist eine weitere, hier favorisierte Methode der Visualisierung.

Die Exergiemethode bedarf der Setzung eines Exergienullpunktes, der im Energiezustand der Umgebung gefunden ist. Die Definition eines praktikablen Umgebungsmodells ist auf dem Kompromisswege immer möglich; in den gerechneten Beispielen wird das vereinfachte Umgebungsmodell von H.-D- Baehr herangezogen [14]. Weit problematischer als die Wahl des Umgebungsmodells ist der durch den Exergienullpunkt vorgegebene Blickwinkel auf den betrachteten Prozess. Hier kann sich im Einzelfall eine Fehleinschätzung der realen Prozessmöglichkeiten ergeben. In Abschnitt 5.3.2 wird hierauf noch eingegangen.

Thermodynamisches Intermezzo Nr. 5

Arthur Schopenhauer (1788 - 1860)

.... Die Wärme ist zwar, wie das Licht selbst, unwägbar, zeigt jedoch eine gewisse Materialität darin, daß sie sich als beharrliche Substanz verhält, sofern sie von EINEM Körper und Ort in den anderen übergeht und jenen räumen muß, um diesen in Besitz zu nehmen; so daß, wenn sie aus einem Körper gewichen ist, sich stets muß angeben lassen, wohin sie gekommen sei, und sie irgendwo muß anzutreffen seyn; wäre es auch nur im latenten Zustande. Hierin also verhält sie sich wie eine beharrende Substanz, d. h. wie die Materie. Zwar giebt es keinen ihr absolut undurchdringlichen Körper, mittels dessen sie ganz eingesperrt werden könnte; jedoch sehen wir sie langsamer oder schneller entweichen, je nachdem sie durch bessere oder schlechtere Nichtleiter gehemmt war, und dürfen daher nicht zweifeln, daß ein absoluter Nichtleiter sie auf immer sperren und aufbewahren könnte. ....

5 Die Entropiemethode als Effizienzanalyse

Die Irreversibilität ablaufender Prozesse wird durch Entropieerzeugung angezeigt. Diese kann nach Abschnitt 4.3 als Exergieverlust umgerechnet werden. Der so gefundene Exergieverlust geht dann über die Negativelemente C_i in den exergetischen Kreisprozesswirkungsgrad $\eta_{ex} = 1 - \sum C_i$ nach Gl. (4.8) ein. Da Prozesse jedoch bevorzugt mit dem thermischen Wirkungsgrad η_{th} bei rechtsdrehenden bzw. mit der Leistungszahl ε bei linksdrehenden Kreisprozessen bewertet werden, ist eine angepasste *Effizienzanalyse* gefordert, die auch hier nur von der Entropieerzeugung im System ausgehen kann. Diese Methode wird nachfolgend entwickelt. Im Folgeabschnitt 6 wird diese Methode dann um die *Leistungsanalyse* erweitert.

5.1 Grundgleichungen der Entropiemethode

5.1.1 Arbeitsprozesse

Ziel eines Arbeitsprozesses ist die Wandlung von zugeführter Wärme in Arbeit. Das Wandlungsergebnis wird über den thermischen Wirkungsgrad $\eta_{th} = |P|/\dot{Q}_{zu}$ erfasst. In Abb. 2.6 sind die Systemverhältnisse bereits allgemein dargestellt. Der Einbezug der Entropiebilanz führt dann zu einer zweiten Fassung des Wirkungsgrades η_{th}, siehe auch Gl. (2.5):

$$\eta_{th} = (1 - T_{m,ab}/T_{m,zu}) - (T_{m,ab}/\dot{Q}_{zu} \cdot \sum_{i=1}^{n} \dot{S}_{irr,i})$$
$$= A - \sum B_i . \tag{5.1a}$$

A ist der Carnot-Faktor, gebildet aus der mittleren Temperatur der Wärmeab- und -zufuhr, der das Potential angibt, das sich unter den gegebenen Prozessbedingungen einstellt. Die Irreversibilitätselemente

$$B_i = T_{m,ab}/\dot{Q}_{zu} \cdot \dot{S}_{irr,i}$$

gehen als Negativposten in den Wirkungsgrad ein und müssen in Summe alle Irreversibilitätsquellen im System erfassen. Nebenbei ergibt sich hier eine strenge Kontrollmöglichkeit jeder Kreisprozessrechnung; es muss immer gelten:

$$|P|/\dot{Q}_{zu} = A - \sum B_i.$$

Die B_i-Elemente bilden das Irreversibilitätsprofil des Systems und liefern einen thermodynamischen Einblick in die Effizienz des Prozessgeschehens.

Gl. (5.1a) kann auch wie folgt geschrieben werden:

$$\eta_{th} = A \cdot (1 - \sum Z_i) \quad \text{mit} \quad Z_i = B_i / A. \qquad (5.1b)$$

Zu einem Prozess mit dem Wirkungsgrad η_{th} lässt sich grundsätzlich ein idealer Vergleichsprozess finden, der das unter den gegebenen Prozessbedingungen angestrebte aber nie erreichbare Ziel einer Prozessentwicklung darstellt. Der zugehörige Wirkungsgrad des Vergleichprozesses kann in der Form von Gl. (5.1b) geschrieben werden:

$$\eta_{th,V} = A_V \cdot (1 - \sum Z_{V,i}). \qquad (5.1c)$$

Man erkennt, dass auch der ideale Vergleichsprozess im Regelfall eine Restirreversibilität beinhalten wird, die über die Elemente $Z_{V,i}=B_{V,i}/A_V$ angezeigt wird. Diese remanente Irreversibilität hat z. B. ihren Grund in einem aus Prozesssicht unverzichtbaren Wärmetransport bei endlicher Temperaturdifferenz. Des Weiteren wird sich der Carnot-Faktor A des realen Prozesses vom Carnot-Faktor A_V des Idealprozesses unterscheiden, wobei bereits unterstellt wird, dass die maximale und minimale Prozesstemperatur T_{max} und T_{min} für beide Prozesse gleich angesetzt sind. Das einzelne Irreversibilitätselemente B_i bzw. $B_{V,i}$ beeinflusst die Zustandsgrößen im Teilsystem, in dem es wirksam ist, und rückwirkt damit direkt oder indirekt auf die Höhe der thermodynamischen Mitteltemperaturen und damit auf den Carnot-Faktor A bzw. A_V.

5.1.2 Kälteprozesse

Für Kälteprozesse lassen sich die Grundgleichungen der Entropiemethode entsprechend finden. In Abb. 5.1 ist ein Kältesystem (Kältemaschine) allgemein dargestellt. Eine Energie- und Entropiebilanz am inneren Bilanzkreis gemäß Abbildung liefert folgende Beziehungen:

$$\dot{Q}_{zu} + P = |\dot{Q}_{ab}| \qquad (I)$$

$$\dot{Q}_{zu}/T_{m,zu} + \sum \dot{S}_{irr,i} = |\dot{Q}_{ab}|/T_{m,ab} \qquad (IIa).$$

Die Entropiemethode als Effizienzanalyse 77

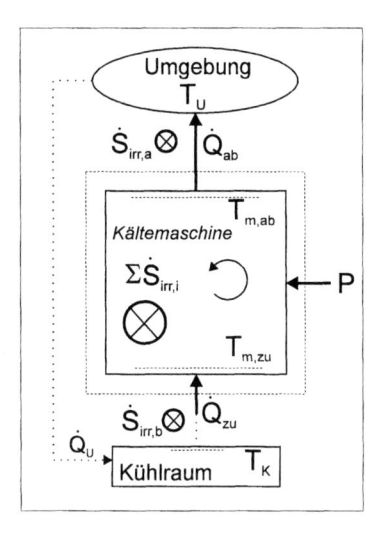

Abb. 5.1 Entropieerzeugung im Kälteprozess

Mit der Leistungszahl der Kältemaschine $\varepsilon_{KM} = \dot{Q}_{zu}/P$ als Verhältnis von Nutzen zu Aufwand findet man unter Verwendung der Gleichungen (I) und (IIa) die zu Gl. (5.1a) analoge Beziehung:

$$\varepsilon_{KM} = T_{m,zu}/(T_{m,ab} - T_{m,zu}) \cdot (1 - T_{m,ab}/P \cdot \sum_{i=1}^{n} \dot{S}_{irr,i})$$
$$= A \cdot (1 - \sum B_i) \tag{5.2a}$$

mit

$$A = T_{m,zu}/(T_{m,ab} - T_{m,zu})$$

als Carnot-Faktor des Kälteprozesses und

$$B_i = T_{m,ab}/P \cdot \dot{S}_{irr,i}$$

als dimensionslosem Irreversibilitätselement der i-ten Entropieerzeugungsquelle im System.

Dem idealen Vergleichsprozess kann dann folgende Leistungszahl zugeordnet werden:

$$\varepsilon_{KM,V} = A_V \cdot (1 - \sum B_{V,i}) \ . \qquad (5.2b)$$

Es gelten hierzu die gleichen Überlegungen wie für Gl. (5.1c).

Erweitert man den Bilanzraum der Kältemaschine um den Kühlraum und die Umgebung gemäß Abb. 5.1, so kann der Entropiefluss vom Kühlraum bis hin zur Umgebung bilanziert werden:

$$\dot{Q}_{zu}/T_K + \sum_{i=1}^{n}\dot{S}_{irr,i} + \dot{S}_{irr,a} + \dot{S}_{irr,b} = \left|\dot{Q}_{ab}\right|/T_U \qquad (IIb) \ .$$

In Gl. (IIb) sind die Entropieerzeugungsströme $\dot{S}_{irr,a}$ und $\dot{S}_{irr,b}$ aufgrund des irreversiblen Wärmetransports zwischen Kältemaschine und Umgebung sowie Kühlraum und Kältemaschine mit erfasst. Für die Leistungszahl ε_{KM} findet man dann:

$$\begin{aligned}\varepsilon_{KM} &= T_K/(T_U - T_K)\cdot(1 - T_U/P\cdot(\dot{S}_{irr,a} + \dot{S}_{irr,b} + \sum \dot{S}_{irr,i})) \\ &= \tilde{A}\cdot(1-\sum \tilde{B}_j)\end{aligned} \qquad (5.2c)$$

mit $\tilde{A}$ als Carnot-Faktor, gebildet aus den Grunddaten der Kälteaufgabe (T_U und T_K), und den Irreversibilitätselementen $\tilde{B}_j = T_U/P \cdot \dot{S}_{irr,j}$.

Der Carnot-Faktor $\tilde{A} = T_K/(T_U - T_K)$ definiert für eine gegebene Kälteaufgabe das Minimum an Aufwand: $\tilde{A} = \dot{Q}_{zu}/P_{min}$. In Verbindung mit Gl (5.2c) findet man mit $\varepsilon_{KM} = \dot{Q}_{zu}/P$ folgende Beziehung:

$$P = P_{min} + T_U \cdot (\dot{S}_{irr,a} + \dot{S}_{irr,b} + \sum \dot{S}_{irr,i}) \ . \qquad (5.2d)$$

In Gl. (5.2d) wird die schädliche Wirkung jedweder Entropieerzeugung besonders augenfällig.

Als Antriebsenergiestrom der Kältemaschine ist bisher die mechanische Leitung P betrachtet worden, wie dies für den Antrieb von Kompressionskältemaschine typisch ist. Wird ein zugeführter Wärmestrom als „Antrieb" verwendet (Absorptionskältemaschine), so sind die thermodynamischen Bedingungen vom Grundsatz her unverändert, siehe Abb. 5.2.

Die Entropiemethode als Effizienzanalyse 79

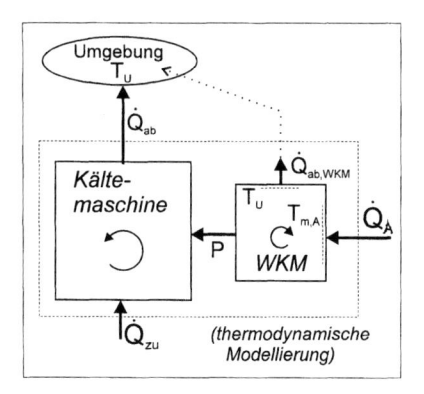

Abb. 5.2 Kälteprozess mit Antriebswärmestrom

Der Antriebswärmestrom $\dot{Q}_A$ lässt sich modellhaft in einer Wärmekraftmaschine in die Leistung P und den Abwärmestrom $\dot{Q}_{ab,WKM}$ transformieren, wobei der Abwärmestrom im theoretisch günstigsten Fall bei Umgebungstemperatur T_U abgegeben werden könnte; er kann, wie aus Abb. 5.2 ersichtlich, keinen Nutzbeitrag zur Kühlaufgabe leistet. Die über den Antriebswärmestrom eingebrachte Entropie kann das System nur über Abwärme verlassen. Eine Anergienutzung ist hier nicht möglich.

5.1.3 Wärmepumpenprozesse

Ziel des WP-Prozesses ist es, einen Heizwärmestrom für das Teilsystem „Heizraum" mit $T_H > T_U$ bereit zu stellen, siehe Abb. 5.3. Die Leistungszahl ist dann das Verhältnis von Heizwärmestrom zur Antriebsleistung:

$$\varepsilon_{WP} = |\dot{Q}_{ab}| / P.$$

Ansonsten sind die Verhältnisse thermodynamisch gleichgelagert wie beim Kälteprozess.

Die zu (5.2a), (5.2b), (5.2c) und (5.2d) analogen Gleichungen lauten:

$$\varepsilon_{WP} = A \cdot (1 - \sum B_i) \qquad (5.3a)$$

mit dem Carnot-Faktor $\quad A = T_{m,ab}/(T_{m,ab} - T_{m,zu})$
und dem Irreversibilitätselementen $\quad B_i = T_{m,zu}/P \cdot \dot{S}_{irr,i}$.

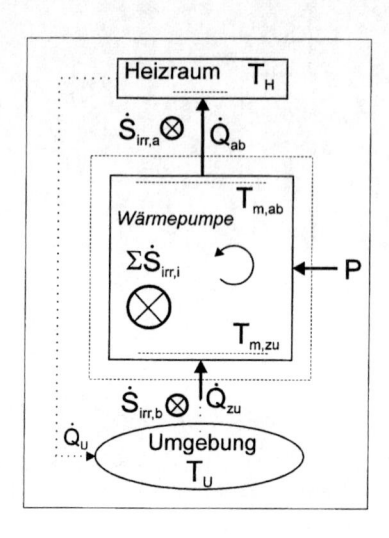

Abb. 5.3 Entropieerzeugung im WP-Prozess

Die Leistungszahl des idealen WP-Vergleichsprozesses:

$$\varepsilon_{WP,V} = A_V \cdot (1 - \sum B_{V,i}). \qquad (5.3b)$$

Wird der Entropiefluss von der Umgebung bis zum Heizraum nach Abb. 5.3 betrachtet, so ergibt sich die Leistungszahl wie folgt:

$$\varepsilon_{WP} = \tilde{A} \cdot (1 - \sum \tilde{B}_j) \qquad (5.3c)$$

mit dem Carnot-Faktor $\quad \tilde{A} = T_H/(T_H - T_U)$
und den Irreversibilitätselementen $\quad \tilde{B}_j = T_U/P \cdot \dot{S}_{irr,j}$.

In Gl. (5.3c) sind im Summenterm $\sum \tilde{B}_j$ auch die Irreversibilitätselemente für den Wärmetransport zwischen Umgebung und Wärmepumpe sowie Wärmepumpe und Heizraum erfasst, siehe auch Abb. 5.3.

Die Entropiemethode als Effizienzanalyse

Mit dem $\tilde{A} = |\dot{Q}_{ab}|/P_{min}$ in Verbindung mit Gl. (5.3c) findet man die zu Gl. (5.2d) analoge Beziehung:

$$P = P_{min} + T_U \cdot (\dot{S}_{irr,a} + \dot{S}_{irr,b} + \sum \dot{S}_{irr,i}). \qquad (5.3d)$$

5.1.4 Gütegrade von Kreisprozessen

Die für Arbeits-, Kälte- und Wärmepumpenprozesse gefundenen Beziehungen können für die Formulierung von Gütegraden in Hinblick auf die Prozesseffizienz herangezogen werden. Über Gütegrade können Wirkungsgrade bzw. Leistungszahlen relativiert und damit besser gedeutet werden. Die Gütegrade g_E (Index E steht für Effizienz) sollen folgende Bedingungen erfüllen: $g_E = 1$ für den Idealprozess; $g_E = 0$ bzw. $g_E = $min für einen Prozess, der das Prozessziel vollständig verfehlt.

Liegen die Daten eines idealen Vergleichsprozesses vor, so kann der reale Prozess wie folgt bewertet werden:

Arbeitsprozess : $g_{E1} = \eta_{th} / \eta_{th,V}$. \qquad (5.4a)
Kälteprozess : $g_{E1} = \varepsilon_{KM} / \varepsilon_{KM,V}$. \qquad (5.4b)
WP-Prozess : $g_{E1} = \varepsilon_{WP} / \varepsilon_{WP,V}$. \qquad (5.4c)

Die Formulierungen nach Gl. (5.4) sind dann naheliegend. Es ist jedoch zu bedenken, dass sich bei einer Variation der Prozessdaten sowohl der Zähler wie der Nenner ändert und somit über den nach Gl. (5.4) gefundenen Gütegrad ggf. keine Tendenzaussage möglich ist.

Wird kein idealer Vergleichsprozess zur Prozessbewertung herangezogen, so lässt sich eine sinnvolle Formulierung eines Gütegrades auch aus den Daten des realen Prozesses selber finden. Diese Formulierung sollte favorisiert werden, da sie ohne eine „Referenzsetzung" auskommt.

Arbeitsprozess : $g_{E2} = \eta_{th} / A = 1 - \sum Z_i$. \qquad (5.4d)

Kälteprozess : $g_{E2} = \varepsilon_{KM} / A = 1 - \sum B_i$ \qquad (5.4e) oder in strengerer Beurteilung

$$\tilde{g}_{E2} = \varepsilon_{KM} / \tilde{A} = 1 - \sum \tilde{B}_j .$$

WP-Prozess : $g_{E2} = \varepsilon_{WP} / A = 1 - \sum B_i$ (5.4f)

oder in strengerer Beurteilung

$\tilde{g}_{E2} = \varepsilon_{WP} / \tilde{A} = 1 - \sum \tilde{B}_j$, siehe Gl. (5.3a) und (5.3c).

In später zu behandenden Prozessbeispielen werden die unterschiedlichen Formulierungen der Gütegrade zahlenmäßig ausgewertet.

5.1.5 Zur thermodynamischen Mitteltemperatur:

In den Carnot-Faktor A der Effizienzgleichungen für den Arbeits-, Kälte- und Wärmepumpenprozess gehen nach Gl. (5.1a), (5.2a) und (5.3a) die mittleren Temperaturen der Wärmezu- und -abfuhr ($T_{m,zu}$, $T_{m,ab}$) ein, die über Gl. (2.1) definiert sind:

$$T_{m,12} = q_{12} /(s_2 - s_1). \qquad (5.5)$$

Hierbei ist unterstellt, dass die spez. Wärme q_{12} ohne gleichzeitiges Auftreten von Reibungsarbeit (w_{R12}=0) zu- oder abgeführt wird. Für das Stoffmodell des idealen Gases mit konstanter wahrer spez. Wärmekapazität (c_P=const) wird die thermodynamische Mitteltemperatur dann für isobare, isochore aber auch polytrope Zustandsänderungen:

$$T_{m,12} = T_1 \cdot \left\{\frac{T_2}{T_1} - 1\right\} / \ln(T_2 / T_1).$$

Treten mehrere zugeführte Wärmeströme am betrachteten System auf, so ist für jeden einzelnen Wärmestrom die Mitteltemperatur nach Gl. (5.5) zu berechnen. Die einzelnen Mitteltemperaturen können dann wie folgt zusammengefasst werden:

$$\dot{Q}_{zu,a} / T_{m,zu,a} + \dot{Q}_{zu,b} / T_{m,zu,b} + \ldots = \dot{Q}_{zu,gesamt} / T_{m,zu,gesamt} .$$

Die Entropiemethode als Effizienzanalyse 83

In vorstehender Gleichung wird der Entropietransport über die Einzelwärmeströme aufsummiert. Insoweit ist die Setzung für die resultierende Mitteltemperatur $T_{m,zu,gesamt}$ konform mit den thermodynamischen Hauptsätzen: Es gilt somit:

$$1/T_{m,zu,ges} = \sum \gamma_i / T_{m,zu,i} \quad \text{mit} \quad \gamma_i = \dot{Q}_{zu,i} / \dot{Q}_{zu,ges}. \quad (5.5a)$$

Für die abgeführten Wärmeströme ist entsprechend zu mitteln:

$$1/T_{m,ab,ges} = \sum \gamma_i / T_{m,ab,i} \quad \text{mit} \quad \gamma_i = \dot{Q}_{ab,i} / \dot{Q}_{ab,ges}. \quad (5.5b)$$

Die Mitteltemperaturen $T_{m,zu,ges}$ und $T_{m,ab,ges}$ sind die für die Bildung der Carnot-Faktoren A gemäß Gln. (5.1, 5.2, 5.3) maßgeblichen Größen.

Wird Wärme bei gleichzeitigem Auftreten von Reibungsarbeit getauscht, so sind diese beiden Prozessgrößen über eine Modellierung zu entkoppeln. In Abb. 5.4 (oberer Teil) ist eine Wärmezufuhr an Wasserdampf bei gleichzeitigem Druckverlust als Folge des Auftretens von Reibungsarbeit dargestellt. Um die thermodynamische Mitteltemperatur $T_{m,zu}$ nach Gl. (5.4) ermitteln zu können, sind die in Abb. 5.4 (unterer Teil) dargestellten Modellierungen naheliegend.

Modell 1:
: Der Druckverlust Δp wird in Strömungsrichtung vor den Wärmetausch gelegt und liefert $T_{m,zu,1}$.

Modell 2:
: Der Druckverlust Δp wird in Strömungsrichtung hinter den Wärmetausch gelegt und liefert $T_{m,zu,2}$.

Modell 1/2:
: Aus $T_{m,zu,1}$ und $T_{m,zu,2}$ wird der arithmetische Mittelwert gebildet; $T_{m,zu,1/2}=(T_{m,zu,1}+T_{m,zu,2})/2$.

Modell 3: Druckverlust und Wärmetausch werden in (z. B. n=40) gleiche Anteile aufgeteilt und nach Gl. (5.5) die Mitteltemperatur berechnen: $1/T_{m,zu} = 1/n \cdot \sum (1/T_{m,zu,i})$.

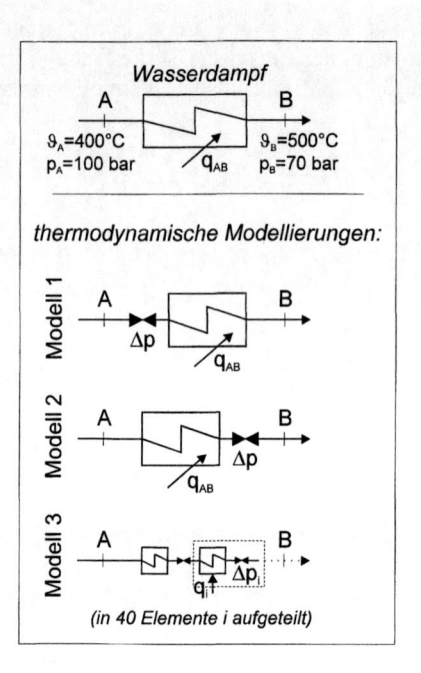

Abb. 5.4 Wärmezufuhr mit Druckverlust

Der in Abb. 5.4 dargestellte (extreme) Datenfall ist in Abb. 5.5 ausgewertet.

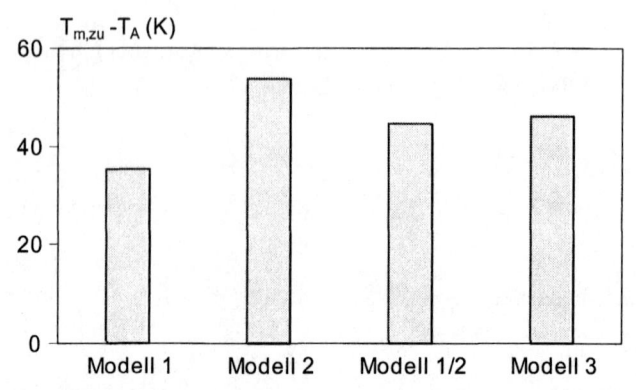

Abb. 5.5 Berechnung der thermodynamischen Mitteltemperatur für den Datenfall nach Abb. 5.4

Die Entropiemethode als Effizienzanalyse 85

Modell 3 liefert den genausten Wert der thermodynamischen Mitteltemperatur, da hier die Modellierung am prozessnähesten erfolgt ist. Man erkennt aber auch, dass das Modell 1/2 ein brauchbares Ergebnis liefert.

Ein weiterer Datenfall zur thermodynamischen Mitteltemperatur soll nachfolgend dargestellt werden. Es wird die Abgabe des Abgases mit der Temperatur ϑ_1 aus einem Gasturbinenprozess in die Umgebung mit der Temperatur $\vartheta_2 = \vartheta_U$ betrachtet. Das Abgas wird vereinfachend als Luft mit variablem Wassergehalt $x = \dot{m}_{H2O} / \dot{m}_{tr.L}$ angenommen. Dieser Abgasübergang in die Umgebung kann in einer groben Modellierung als Wärmeabfuhr in einem virtuellen Wärmetauscher erfasst werden; die zugehörige thermodynamische Mitteltemperatur ergibt sich dann aus Gl. (5.5). In Abb. 5.6 ist das Verhältnis der Mitteltemperaturen der Wärmeabfuhr von feuchter (x>0) zu trockener (x=0) Luft $T_{m,fL}/T_{m,L}$ angegeben.

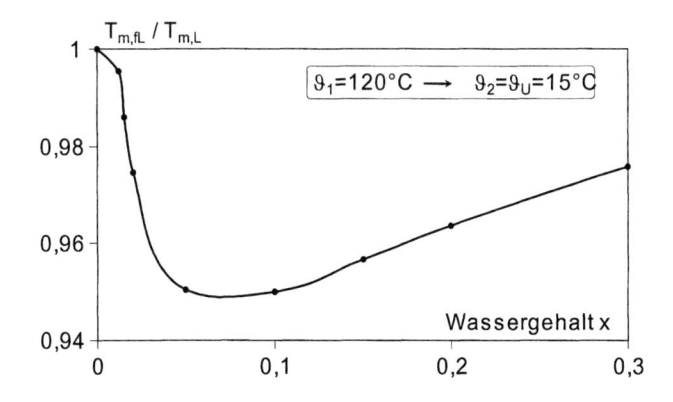

Abb. 5.6 Zur thermodynamischen Mitteltemperatur bei feuchter Luft

Bei Variation des Wassergehaltes x ergeben sich unterschiedliche Taupunktstemperaturen mit der Folge, dass die Wärmefreisetzung durch Kondensation bei sich änderndem Temperaturniveau auftritt, was auf die mittlere Temperatur der Gesamtwärmeabgabe rückwirkt. Nebenbei erkennt man, dass bei einem bestimmbaren Wassergehalt x die mittlere Temperatur $T_{m,fL}$ ein Minimum annimmt. Ob die prozesstechnische Ansteuerung dieses Minimums (etwa durch Dampfzugabe in der Gasturbinenbrennkammer) zwecks Erzielung eines hohen Carnot-Faktors A nach Gl. (5.1a) sinnvoll ist, ist nur aus Gesamtprozesssicht zu beantworten.

5.2 Anwendung der Entropiemethode auf Kreisprozesse

Nachfolgend werden vier Prozesse, ein Gasturbinenprozess, ein Dampfkraftprozess, ein Kälteprozess und ein Wärmepumpenprozess nach der Entropiemethode analysiert. Jeweils ein Prozessparameter wird variiert und die Auswirkung auf den Carnot-Faktor A und die Irreversibilitätselemente B_i aufgezeigt. Die Elemente B_i bilden ein Irreversibilitätsprofil und definieren gemeinsam mit der Größe A den thermodynamischen Effizienzstatus des betrachteten Prozesses. Die gewählten Prozessschaltungen orientieren sich nicht an aktuell ausgeführten Anlagen; vielmehr sollen typische Irreversibilitätsquellen modellhaft vorgeführt und analysiert werden. Die Anwendung der Methode auf komplexere Schaltungen ist ohne zusätzliche Probleme möglich. Vorerst gilt noch folgende Einschränkung: Im System müssen alle Massenströme in geschlossenen Kreisläufen zirkulieren. Der hiervon abweichende Prozesstyp mit innerer Verbrennung, d. h. es tritt ein Stoffwechsel innerhalb des Systems auf, wird in Abschnitt 5.3 behandelt.

5.2.1 Anwendung „Gasturbinenprozess"

Die Schaltung des hier betrachteten GT-Prozesses mit zwei parallel betriebenen Verdichtern und Rekuperator ist in Abb. 5.7 dargestellt. Der Rekuperator ist bewusst thermodynamisch ungünstig angeordnet; durch die ungleichen Massenströme $\dot{m}_A$ und $\dot{m}_B$ auf der Aufheiz- und Heizseite und die damit verbundenen Temperaturverhältnisse ist dort von vornherein eine große Irreversibilität zu erwarten. Die Hauptdaten des Prozesses sind in der Abbildung mit aufgeführt. Man erkennt 11 Irreversibilitätsquellen, angezeigt durch die Entropieerzeugungsströme $\dot{S}_{irr,1}$ bis $\dot{S}_{irr,11}$. Die technischen Ursachen der Irreversibilität sind die auftretenden Druckverluste Δp, die nichtidealen Maschinenwirkungsgrade η_{SV} und η_{ST} der zwei Verdichter und der Turbine, die mittlere Temperaturdifferenz für den Wärmetransport im Rekuperator und die Mischung zweier Stoffströme unterschiedlicher Temperaturen.

Es wird vereinfachend mit dem Stoffmodell des idealen Gases (trockene Luft) mit konstanter spez. Wärmekapazität $c_p=c_{pm}$=const. gerechnet. Der Brennkammerteilprozess wird durch eine äußere Wärmezufuhr ersetzt und das Abgas über einen gedanklichen Kühler als „Zuluft" rückgeführt. Durch diese modellhaften Vereinfachungen sind die Stoffströme im System geschlossen; ein Stoffwechsel durch innere Verbrennung bleibt somit unberücksichtigt.

Die Entropiemethode als Effizienzanalyse 87

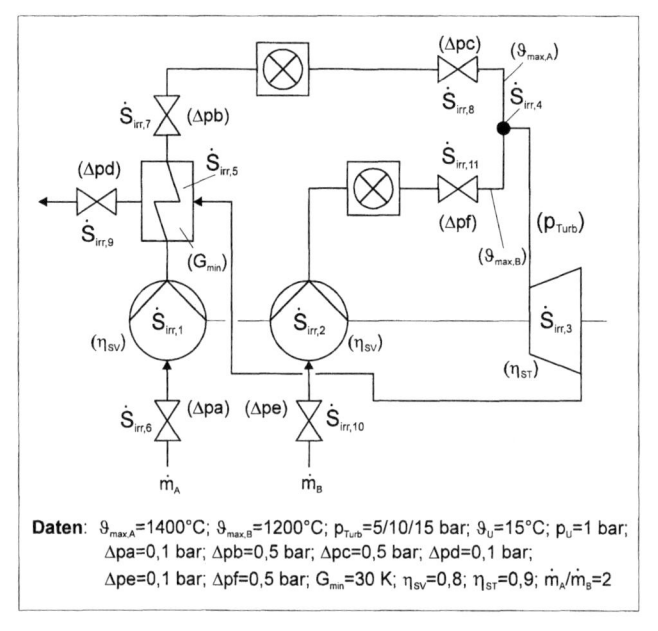

Daten: $\vartheta_{max,A}$=1400°C; $\vartheta_{max,B}$=1200°C; p_{Turb}=5/10/15 bar; ϑ_U=15°C; p_U=1 bar;
Δpa=0,1 bar; Δpb=0,5 bar; Δpc=0,5 bar; Δpd=0,1 bar;
Δpe=0,1 bar; Δpf=0,5 bar; G_{min}=30 K; η_{SV}=0,8; η_{ST}=0,9; $\dot{m}_A/\dot{m}_B$=2

Abb. 5.7 Schaltung des Gasturbinenprozesses

Der Druck vor Turbine p_{Turb} und damit das Druckverhältnis des Prozesses wird als zu verändernder Prozessparameter ausgewählt und hierfür die Irreversibilitätselemente B_i, der Carnot-Faktor A und der thermische Wirkungsgrad η_{th} ermittelt. Aus Abb. 5.9 erkennt man, dass über diese Variation das Verhältnis der intern im Rekuperator getauschten Wärme zur Abwärme ($\dot{Q}_{int}/\dot{Q}_{ab}$) stark beeinflusst wird. In Abb. 5.8 sind die Rechenergebnisse aufgeführt. Mit zunehmendem Druckverhältnis $\pi = p_{Turb}/p_U$ vergrößern sich erwartungsgemäß die den Maschinen zugeordneten Irreversibilitätselemente B_1, B_2 und B_3. Demgegenüber verkleinern sich die druckverlustbedingten Elemente B_7, B_8 und B_{11} und vor allem das dem Rekuperatorteilprozess zugeordnete Element B_5. Der Carnot-Faktor A wird relativ stark durch die Wirksamkeit der Irreversibilitätselemente im System beeinflusst. Das Wirkungsgradoptimum findet sich in diesem Falle bei einem relativ niedrigen Wert für die Summe der Irreversibilitätselemente B_i und einen relativ hohen Wert für den Carnot-Faktor A.

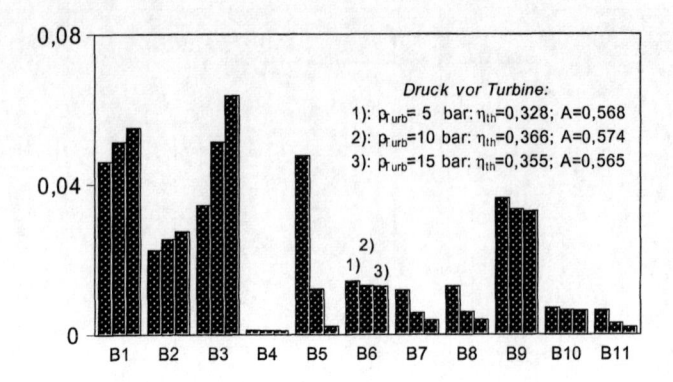

Abb. 5.8 Irreversibilitätsprofil für den GT-Prozess

In Abb. 5.9 sind die Gütegrade g_{E1} und g_{E2} nach Gl. (5.4) in Abhängigkeit des Druckverhältnisses dargestellt. Im Gegensatz zu dem nachfolgend behandelten Dampfkraftprozess unterscheiden sich die Gütegrade für den hier betrachteten Prozess nur geringfügig.

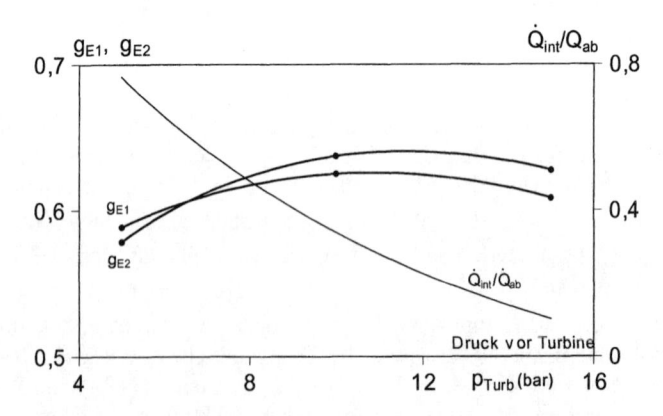

Abb. 5.9 Die Gütegrade des GT-Prozesses

Die Entropiemethode als Effizienzanalyse 89

5.2.2 Anwendung „Dampfkraftprozess"

In Abb. 5.10 ist die Schaltung des Prozesses mit einfacher Zwischenüberhitzung dargestellt. Die Hauptdaten des Prozesses sind mit aufgeführt. Die Speisewasservorwärmung erfolgt zweigestuft in einem Mischvorwärmer und einem Oberflächenvorwärmer. An 11 Stellen im System wird Entropie erzeugt, angezeigt durch die Entropieerzeugungsströme $\dot{S}_{irr,i}$. Die Irreversibilität hat ihre technische Ursache in auftretenden Druckverlusten Δp, in den nichtidealen Maschinenwirkungsgraden η_{ST} und η_{SP}, in der Mischung von Stoffströmen im Speisewasserbehälter sowie im prozessinternen Wärmetransport im Oberflächenwärmeaustauscher.

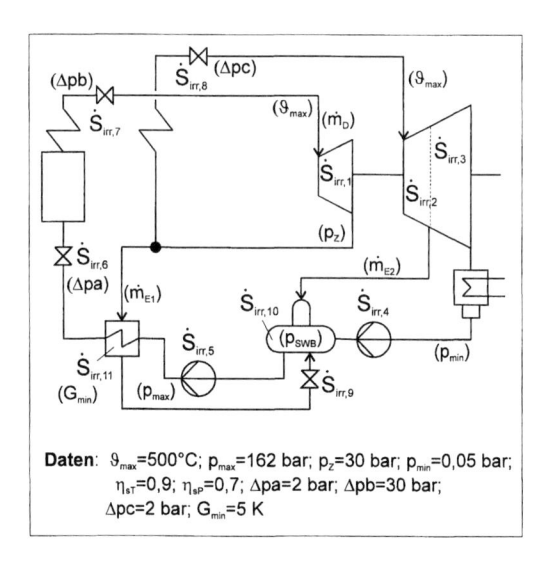

Daten: ϑ_{max}=500°C; p_{max}=162 bar; p_Z=30 bar; p_{min}=0,05 bar; η_{sT}=0,9; η_{sP}=0,7; Δpa=2 bar; Δpb=30 bar; Δpc=2 bar; G_{min}=5 K

Abb. 5.10 Schaltung des Dampfkraftprozesses

Der Druck im Speisewasserbehälter p_{SWB} wird als der zu verändernde Prozessparameter ausgewählt und hierfür die Irreversibilitätselemente B_i, der Carnot-Faktor A und der thermische Wirkungsgrad η_{th} nach Gl. (5.1) ermittelt. Das Ergebnis der Rechnung ist in Abb. 5.11 dargestellt. (Die Irreversibilitätselemente B_i sind den in Abb. 5.10 angezeigten Entropieerzeugungsströmen $\dot{S}_{irr,i}$ zugeordnet.)

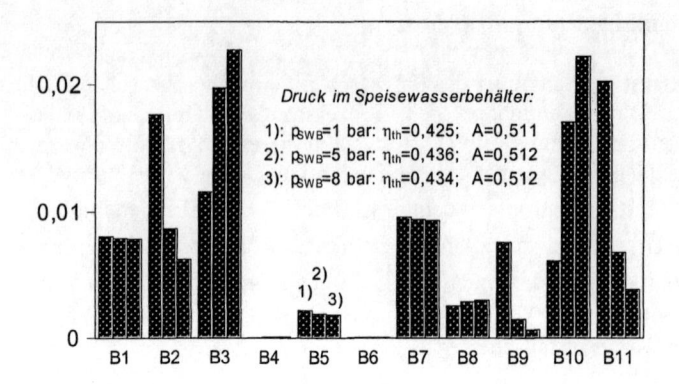

Abb. 5.11 Irreversibilitätsprofil für den Dampfkraftprozess

In der gewählten Balkendiagrammdarstellung wird das irreversible Geschehen in System erkennbar. Durch Änderung des Prozessparameters p_{SWB} bleibt der Carnot-Faktor A fast unverändert, während sich die Irreversibilitätselemente B_i z. T. erheblich verändern. Eine Erhöhung des Drucks im Speisewasserbehälter führt zu einem entsprechend höheren Entnahmestrom $\dot{m}_{E2}$, siehe auch Abb. 5.12, und vice versa zu einer Abnahme des Entnahmestroms $\dot{m}_{E1}$. Damit ändern sich die Prozessbedingungen in allen Teilsystemen und in Folge die zugeordneten Irreversibilitätselemente B_i. Man erkennt beispielsweise, dass die Zunahme des Elementes B_{10} im Teilsystem „Speisewasserbehälter" korrespondiert mit der Abnahme des Elementes B_{11} im Teilsystem „Oberflächenvorwärmer".

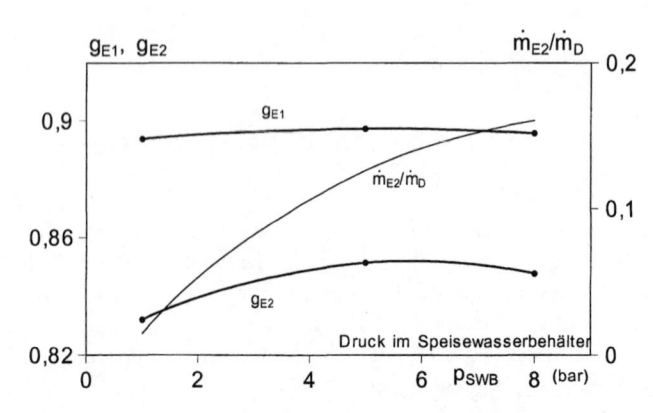

Abb. 5.12 Die Gütegrade des Dampfkraftprozesses

Die Entropiemethode als Effizienzanalyse

In Abb. 5.12 sind die Gütegrade g_{E1} und g_{E2} nach Gl. (5.4) aufgetragen. Über den Gütegrad g_{E2} wird der Prozess strenger bewertet. Der hiermit verbundene Bezug auf den Carnot-Faktor A des irreversiblen Prozesses ist nicht nur aus pragmatischen Gründen sinnvoll (man braucht keinen idealen Vergleichsprozess zu definieren), der Bezug auf die Größe A ist auch eher objektiv, da kein Referenzstatus herangezogen werden muss, dessen Festlegung im Grundsatz willkürlich ist.

Der Gütegrad eines Prozesses ist jedoch nur eine Zusatzinformation; die Hauptinformation liefert der Wirkungsgrad.

5.2.3 Anwendung „Kälteprozess"

Als drittes Beispiel wird ein Kälteprozess mit zweistufiger Verdichtung und Mischbehälter betrachtet. Die Schaltung und die Hauptprozessdaten sind in Abb. 5.13 dargestellt. Die Zwischentemperatur ϑ_Z (und damit der Zwischendruck p_Z im Mischbehälter) wird variiert und die entsprechende Wirkung auf die Irreversibilität aufgezeigt. Man erkennt fünf Irreversibilitätsquellen, angezeigt durch die Entropieerzeugungsströme $\dot{S}_{irr,1}$ bis $\dot{S}_{irr,5}$. Die technischen Ursachen der Irreversibilität sind die Druckverluste in den Kältedrosseln, die Mischung im Mischbehälter und die Verdichtung mit nichtidealen Maschinenwirkungsgraden.

Durch die Variation der Temperatur ϑ_Z im Mischbehälter werden die Masschenströme $\dot{m}_{ND}$ und $\dot{m}_{HD}$ stark beeinflusst, wie aus Abb. 5.15 ersichtlich, und damit in Folge die Irreversibilitätselemente B_i. In Abb. 5.14 sind die gerechneten Irreversibilitätsprofile angegeben. Man erkennt, dass mit einer Erhöhung des Massenstroms $\dot{m}_{ND}$ (über den Anstieg des Zwischendrucks im Mischbehälter) die hiermit verbundenen Elemente B_1 und B_4 in unteren Druckbereich wachsen und die entsprechenden Elemente im oberen Druckbereich B_2 und B_3 in etwa spiegelbildlich sinken. Des Weiteren erkennt man, dass die Irreversibilität im Mischbehälter, angezeigt durch das Element B_5, von geringer Bedeutung ist. Die Verschaltung eines Mischbehälters ist somit unter den hier betrachteten Prozessbedingungen aus thermodynamischer Sicht zu empfehlen. Der Carnot-Faktor A des Prozesses ändert sich bei der betrachteten Variation kaum, da nur die thermodynamische Mitteltemperatur der Wärmeabfuhr geringfügig über sich ändernde Maximaltemperaturen beeinflusst ist.

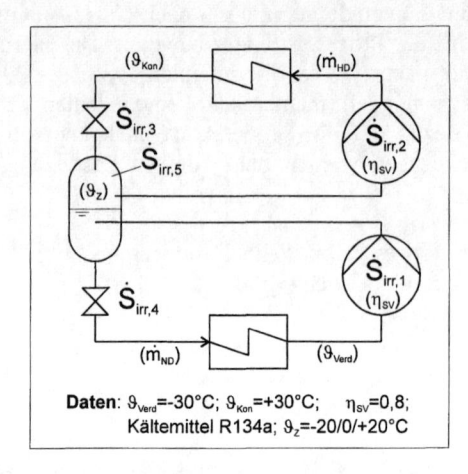

Abb. 5.13 Schaltung des Kälteprozesses

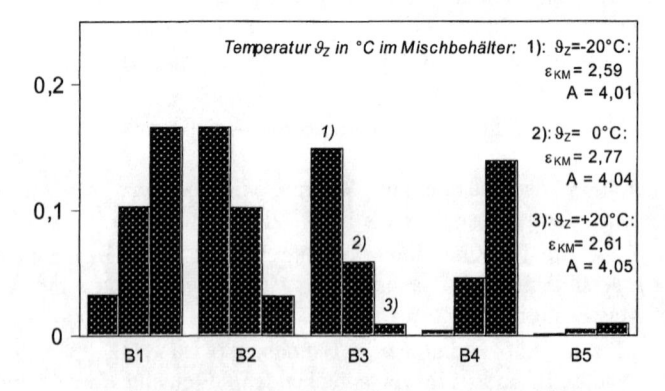

Abb. 5.14 Irreversibilitätsprofil für den Kälteprozess

Die Gütegrade g_{E1} und g_{E2} sind in Abhängigkeit der Zwischentemperatur ϑ_Z im Mischbehälter in Abb. 5.15 aufgetragen. Die Formulierung gemäß g_{E2} liefert eine Tendenz, die der Leistungszahlentwicklung entspricht, wie man im Vergleich mit den Daten aus Abb. 5.14 erkennen kann. Diese Formulierung ist hier zu empfehlen.

Die Entropiemethode als Effizienzanalyse 93

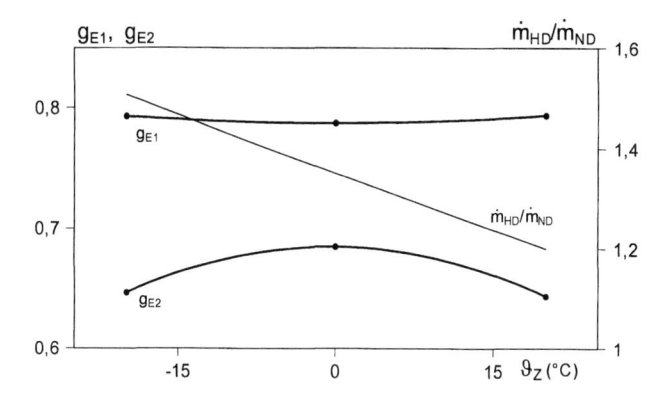

Abb. 5.15 Die Gütegrade des Kälteprozesses

5.2.4 Anwendung „Wärmepumpen-Prozess"

Als letztes Beispiel wird ein einfacher WP-Prozess betrachtet und der Maschinenwirkungsgrad des Verdichters η_{SV} variiert. Die Schaltung des Prozesses ist mit den Hauptdaten in Abb. 5.16 angegeben.

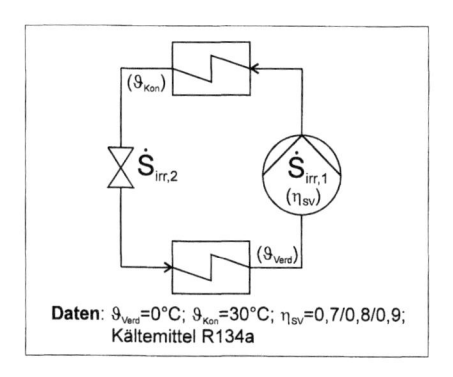

Daten: $\vartheta_{Verd}=0°C$; $\vartheta_{Kon}=30°C$; $\eta_{SV}=0{,}7/0{,}8/0{,}9$; Kältemittel R134a

Abb. 5.16 Schaltung des WP-Prozesses

Im dargestellten System sind bei einer unterstellter isobarer Wärmezu- und -abfuhr zwei Irreversibilitätsquellen, im Verdichter und in der Drossel, wirksam. Die zugehörigen Irreversibilitätsprofile sowie die Angaben über die Leistungszahlen und Carnot-Faktoren sind aus Abb. 5.17 ersichtlich. Erwartungsgemäß sinkt das dem Verdichter zugeordnete Irreversibilitätselement B_1 mit der Verbesserung des Maschinenwirkungsrades. Das Element B_2 für die Drossel steigt hingegen leicht an, obwohl sich der Entropieerzeugungsstrom $\dot{S}_{irr,2}$ selbst nicht ändert. Dieser Effekt ist leicht zu deuten: Die Antriebsleistung P steht für die Berechnung der Elemente B_i gemäß Gl. (5.3a) im Nenner, was sich auf alle Irreversibilitätselemente in gleicher Weise auswirkt. Insoweit liegt keine Verzerrung des Irreversibilitätsprofils vor.

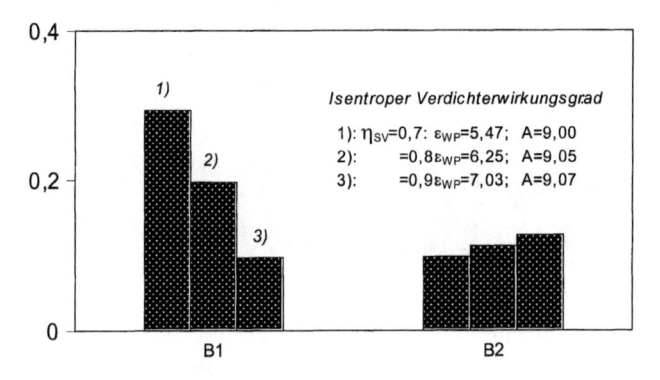

Isentroper Verdichterwirkungsgrad
1): $\eta_{SV}=0{,}7$: $\varepsilon_{WP}=5{,}47$; $A=9{,}00$
2): $=0{,}8 \varepsilon_{WP}=6{,}25$; $A=9{,}05$
3): $=0{,}9 \varepsilon_{WP}=7{,}03$; $A=9{,}07$

Abb. 5.17 Irreversibilitätsprofil für den WP-Prozess

In Abb. 5.18 sind die Gütegrade g_{E1}, g_{E2} und $\tilde{g}_{E2}$ gemäß Gl. (5.4c) und (5.4f) ausgewertet. Die Werte von g_{E1} und g_{E2} liegen sehr eng beieinander, da sich der Carnot-Faktor, gebildet mit den Mitteltemperaturen der Wärmezu- und -abfuhr, und die Leistungszahl des idealen Vergleichsprozesses nur wenig unterscheiden. Über den Gütegrad $\tilde{g}_{E2}$ wird der Prozess sehr streng beurteilt, da hier als Vergleichsbasis der größere Carnot-Faktor $\tilde{A}$, gebildet mit der Temperatur des Heizraums T_H und der Temperatur der Umgebung T_U, herangezogen wird, siehe auch die Datenangabe in Abb. 5.18.

In den Gütegrad $\tilde{g}_{E2}$ gehen die in Abb. 5.3 markierten Entropieerzeugungsströme $\dot{S}_{irr,a}$ und $\dot{S}_{irr,b}$ - bedingt durch den Wärmetransport zwischen dem System „Wärmepumpe" und dem Heizraum sowie zwischen Umgebung und Wärmepumpe - ein. Diese Entropieerzeugungsströme lassen sich in die Irreversibilitätselemente $\tilde{B}_a$ und $\tilde{B}_b$ gemäß Gl. (5.3c) umrechnen.

Die Entropiemethode als Effizienzanalyse 95

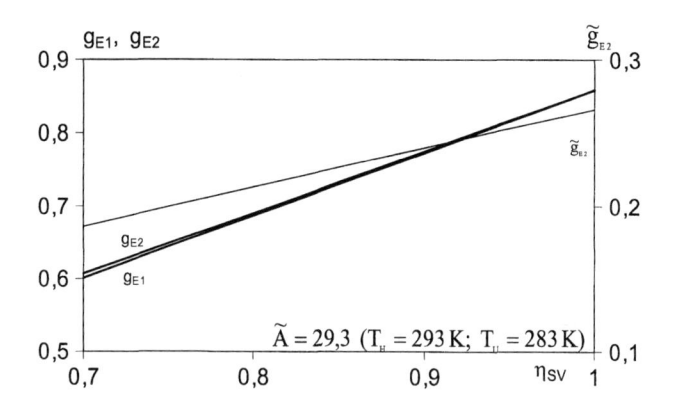

Abb. 5.18 Die Gütegrade des WP-Prozesses

Die im System „Wärmepumpe" auftretenden Elemente $\sum B_i$ nach Gl. (5.3a) sind für die Verwendung in Gl. (5.3c) anzupassen: $\sum \widetilde{B}_i = T_U / T_{m,zu} \cdot \sum B_i$. Damit sind die Elemente $\widetilde{B}_a$ und $\widetilde{B}_b$ als Summe leicht aus Gl.. (5.3c) zu berechnen:

$$\widetilde{B}_a + \widetilde{B}_b = (1 - \varepsilon_{WP} / \widetilde{A}) - \sum \widetilde{B}_i \ .$$

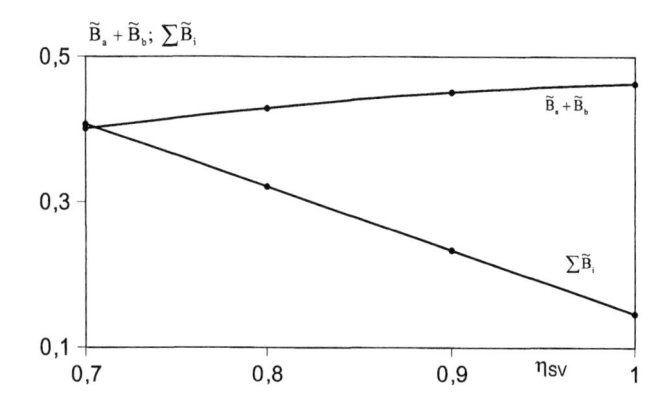

Abb. 5.19 Die Entwicklung der inneren und äußeren Irreversibilität im WP-Prozess bei Variation des Verdichterwirkungsgrades

In Abb. 5.19 werden die Elementgruppen $(\widetilde{B}_a + \widetilde{B}_b)$ und $\sum \widetilde{B}_i$ getrennt für die hier betrachtete Variation des Verdichterwirkungsgrades η_{sv} ausgewertet. Mit Verbesserung des Verdichterwirkungsgrades nehmen die Elemente der inneren Irreversibilität $\sum \widetilde{B}_i$ erwartungsgemäß stark ab, die Elemente der äußeren Irreversibilität $(\widetilde{B}_a + \widetilde{B}_b)$ nehmen jedoch, wenn auch schwach, zu. Daraus ist aus thermodynamischer Sicht folgender Schluss zu ziehen: Je besser ein System im Inneren ist, umso bedeutsamer wird seine irreversible Wechselwirkung mit den Nachbarsystemen. Dieser Schluss hat allgemeine Gültigkeit.

Thermodynamisches Intermezzo Nr. 6

Nicolaus von Cues (1401 - 1464)

Von der Wissenschaft des Nichtwissens:

..... Wir wissen somit von der Wahrheit nichts Anderes, als daß sie in präciser Weise unerfaßbar ist. Sie ist die absolute Nothwendigkeit, die nicht mehr und nicht weniger ist, als sie ist, unser Verstand ist die Möglichkeit. Das Was (quidditas) der Dinge, das die Wahrheit des Seienden ist, bleibt in seiner Reinheit unerreichbar. Alle Philosophen haben es gesucht, aber Keiner, wie es an sich ist, gefunden. Je gründlicher aber unsere Ueberzeugung von diesem Nichtwissen ist, desto mehr werden wir uns der Wahrheit selbst nähern.

(Übersetzung durch F. A. Scharpff von 1862)

Die Entropiemethode als Effizienzanalyse

5.3 Anpassung der Entropiemethode auf Stoffwandelprozesse

Die grundlegende Beziehung der Entropiemethode für Kreisprozesse nach Gl. (5.1):

$$\eta_{th} = A - \sum B_i ,$$

unterstellt geschlossene Stoffströme im System. Dies ist auch aus der symbolischen Darstellung nach Abb. 2.6 erkenntlich: Keine Stoffströme schneiden die Systemgrenze, d. h., alle beteiligten Stoffströme zirkulieren im System und nehmen nach einem Umlauf wieder den Ausgangszustand an. Findet nun im System eine Stoffwandlung z. B. durch eine chemische Reaktion statt, die im System nicht rückgängig gemacht wird, so liegen geänderte Randbedingungen vor, an die die Entropiemethode anzupassen ist. Nachfolgend wird ausschließlich der für die Energietechnik wichtige Fall der inneren heißen Verbrennung betrachtet. Nicht-energetische Stoffwandlungen, für die eigene Wirkungsgraddefinitionen zu finden wären, werden hier nicht behandelt; sie sind Gegenstand der Verfahrenstechnik.

5.3.1 Thermodynamische Modellierung des Stoffwandelprozesses

Es wird beispielhaft der in Abb. 5.20 dargestellte Gasturbinenprozess betrachtet. Die Massenströme von Brennstoff (Index B), Luft (Index L) und Rauchgas (Index R) sind eingetragen. In den Verdichtern und der Turbine wird Irreversibilität auftreten (angezeigt durch die nicht-idealen Maschinenwirkungsgrade $\eta_{sV,B}$, $\eta_{sV,L}$ und η_{sT}), wie auch durch den Brennkammerdruckverlust Δp. Des Weiteren ist der Stoffwandel in der Brennkammer von Brennstoff/Luft auf Rauchgas wirkungsgradrelevant. Er ist als Irreversibilität unmittelbar erkennbar, da eine reversible Rückwandlung des Rauchgases in Brennstoff und Luft nicht möglich ist. Die letztgenannte Irreversibilität wird für die Entropiemethode in einem eigenen Irreversibilitätselement B_x erfasst, um Gl. (5.1) auch für Prozesse mit innerer Verbrennung anwenden zu können. Über eine thermodynamische Modellierung der Verbrennung wird die Berechnung von B_x ermöglicht.

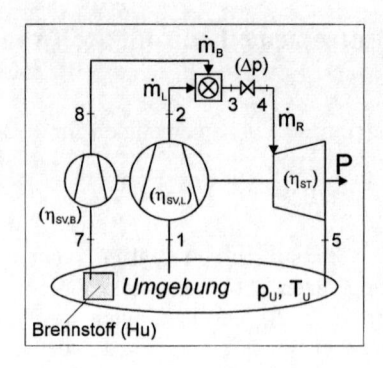

Abb. 5.20 Schaltung des offenen Gasturbinenprozesses

Der thermische Wirkungsgrad des in Abb. 5.20 dargestellten Prozesses wird üblicherweise wie folgt definiert:

$$\eta_{th,I} = |P| / (\dot{m}_B \cdot Hu(\vartheta_U)) \qquad (I)$$

P ist die Nettoleistung des Prozesses und Hu der Heizwert des eingesetzten Brennstoffs. Da der Heizwert Hu, wenn auch schwach, von der Ermittlungstemperatur abhängt, ist Hu unter den Bedingungen gemäß Abb. 5.20 bei Umgebungstemperatur ϑ_U in die Wirkungsgradgleichung einzusetzen. Da die Temperaturabhängigkeit des Heizwertes in die thermodynamische Modellierung eingeht, wie noch gezeigt wird, ist diese Abhängigkeit für zwei Brennstoffe, Methan und Wasserstoff, in Abb. 5.21 dargestellt. (Die Druckabhängigkeit des Heizwertes kann hierbei vernachlässigt werden.) Der Heizwert von Methan verringert sich mit steigender Ermittlungstemperatur ϑ_X, der Heizwert von Wasserstoff hingegen vergrößert sich. Aus diesem Verhalten erkennt man bereits, dass der thermodynamische Wert eines Brennstoffs über das Produkt $\dot{m}_B \cdot Hu(\vartheta_U)$ nur unvollständig erfasst wird.

Die Entropiemethode als Effizienzanalyse 99

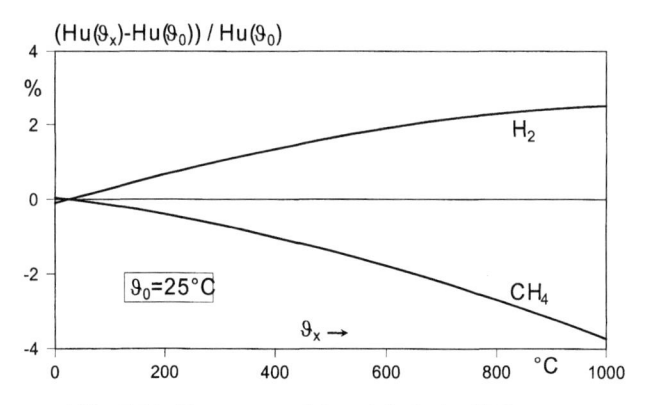

Abb. 5.21 Temperaturabhängigkeit des Heizwertes

Nach der Entropiemethode muss gemäß Abschnitt 5.1 gelten:

$$\eta_{th,II} = A - \sum B_i \qquad \text{(IIa)}$$

mit $A = 1 - T_{m,ab}/T_{m,zu}$ und $B_i = T_{m,ab} / \dot{Q}_{zu} \cdot \dot{S}_{irr,i}$.

Lässt man im Augenblick außer Acht, dass über die Zufuhr von Brennstoff keine Wärme sondern chemische Bindungsenergie transportiert wird, was noch zu einer Feinkorrektur von Gl. (IIa) führen wird, so muss folgende Identität erfüllt sein: $\eta_{th,I} = \eta_{th,II}$. In Gl. (IIa) geht dann auch das gesuchte Irreversibilitätselement B_x für den Stoffwandel mit ein.

Man kann sich leicht davon überzeugen, dass das gesuchte Element B_x nicht proportional der Entropieerzeugung in der adiabten Brennkammer sein wird. Man kann probeweise folgenden Ansatz machen:

$$B_x = B_{x,0} = T_{m,ab} / \dot{Q}_{zu} \cdot \dot{S}_{irr,B-K}. \qquad \text{(III)}$$

Hierzu wird der Prozess nach Abb. 5.20, jedoch zur besseren Überprüfung des Ansatzes mit idealen Maschinenwirkungsgraden und ohne Brennkammerdruckverlust, betrachtet. Wird weiterhin die Energiezufuhr über Brennstoff durch eine äußere Wärmezufuhr ($\dot{Q}_{zu} = \dot{m}_B \cdot Hu$) und die Abgabe des noch heißen Abgases in die Umgebung durch eine äußere Wärmeabfuhr ersetzt, so kann über eine Kreisprozessberechnung nach Gl. (I), (IIa) und (III) der thermische Wirkungsgrad η_{th}, der Carnot-Faktor A und das Irreversibilitätselement $B_{x,0}$ ermittelt werden. Zur Berechnung des Entropieerzeugungsstroms

$\dot{S}_{irr,B-K}$ in der Brennkammer für die Größe $B_{x,0}$ geht man von den absoluten Entropien aller an der Verbrennung beteiligten Stoffe aus. Diese liegen als Standardentropien in Tabellenwerken vor. Eine Entropiebilanz um die Brennkammer liefert dann $\dot{S}_{irr,B-K}$ und damit $B_{x,0}$.

In Abb. 5.22 wird das Ergebnis der Berechnung grafisch aufgezeigt. Bei festgehaltener maximaler Temperatur vor Turbine mit $\vartheta_{max}=1000°C$ und variiertem Maximaldruck p_{max} nach Verdichtung erkennt man, dass das Irreversibilitätselement $B_{x,0}$ nach Gl. (III) größer als der Carnot-Faktor A werden kann! Damit würde Gl. (IIa) völlig falsche Ergebnisse liefern. Es ist festzuhalten, dass die Entropieerzeugung über den Stoffwandel in der Brennkammer $\dot{S}_{irr,B-K}$ für die Ermittlung des thermischen Wirkungsgrades nach Gl. (I) nicht maßgeblich ist. Das im Rahmen der Entropiemethode gesuchte Irreversibilitätselement B_x der Stoffwandlung wird von kleinerer Größenordnung und von anderer Art sein.

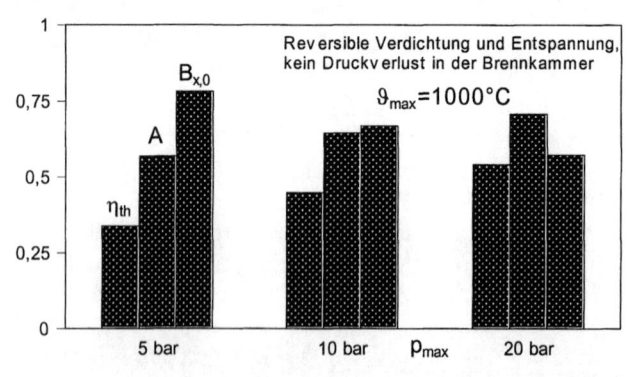

Abb. 5.22 Überprüfung des Ansatzes für $B_{x,0}$ nach Gl. (III) für den Gasturbinenprozess nach Abb. 5.20

Zur thermodynamischen Modellierung:

Die Schaltung des Gasturbinenprozesses nach Abb. 5.20 ist für eine Modellierung zur Ermittlung des Irreversibilitätselementes B_x zu verfeinern, siehe Abb. 5.23.

Die Entropiemethode als Effizienzanalyse

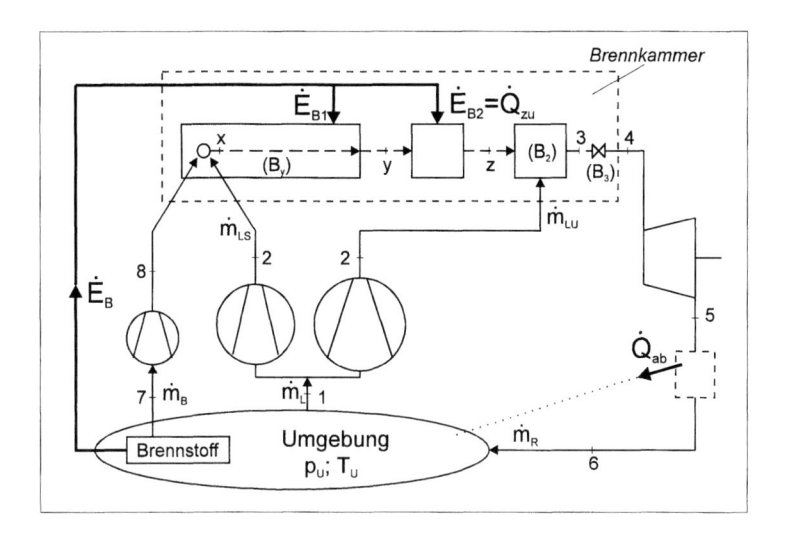

Abb. 5.23 Das Brennkammermodell

Die Luftverdichtung wird gedanklich auf die stöchiometrische Luftmenge $\dot{m}_{LS}$ und die Überschussluftmenge $\dot{m}_{LU}$ aufgeteilt. Die Brennstoffmenge $\dot{m}_B$ und die Luftmenge $\dot{m}_{LS}$ werden zusammengeführt und liegen an der Stelle x als Gemisch mit der Temperatur ϑ_x vor. Zwischen den Stellen x und y erfolgt modellhaft der Stoffwandel zum stöchiometrischen Rauchgas $\dot{m}_{RS}$. Diese „Wandlung" soll isotherm erfolgen, so dass $\vartheta_y = \vartheta_x$ ist.

Hinweis: Die Vorgabe einer isothermen Stoffwandlung vom Zustand x zum Zustand y ist im Grundsatz nicht zwingend. Jedoch ist diese Vorgabe im Sinne einer Normierung (alle Brennstoff sollen diesbezüglich gleich behandelt werden) naheliegend.

Die Stoffwandlung erfolgt unter Einkoppelung eines (virtuellen) Teiles $\dot{E}_{B1}$ des zugeführten Brennstoffenergiestroms $\dot{E}_B = \dot{m}_B \cdot Hu(\vartheta_U)$. Der weitaus größere (virtuelle) Teil der Brennstoffenergie $\dot{E}_{B2}$ wird dem nun als Rauchgas vorliegenden Stoffstroms zwischen den Stellen y und z zugeführt. Damit ist der gesamte Brennstoffenergiestrom

$$\dot{E}_B = \dot{E}_{B1} + \dot{E}_{B2}$$

übertragen.

Das Rauchgas nimmt im thermodynamischen Modell nach Abb. 5.23 unter stöchiometrischen Bedingungen an der Stelle z die adiabate

Verbrennungstemperatur $\tilde{\vartheta}_{max}$ an. Durch Zumischung der Überschussluft $\dot{m}_{LU}$ wird dann die Rauchgastemperatur auf die vorgegebene Brennkammeraustrittstemperatur $\vartheta_{max}=\vartheta_3$ abgesenkt. Der Brennkammerdruckverlust wird über einen Drosselprozess zwischen den Stellen 3 und 4 summarisch erfasst. Der punktierte Bereich in Abb. 5.23 beinhaltet das thermodynamische Modell der Brennkammer, wobei die virtuellen Energieströme $\dot{E}_{B1}$ und $\dot{E}_{B2}$ noch zu definieren sind.

Der Energiestrom $\dot{E}_{E2}$ entspricht dem im kalorischen Experiment zur Ermittlung des Heizwertes freigesetzten Wärmestroms (Ermittlungstemperatur $\vartheta_y=\vartheta_x$):

$$\dot{E}_{B2} = \dot{m}_B \cdot Hu(\vartheta_x) = \dot{Q}_{zu} \ . \qquad (IV)$$

Mit Gl. (IV) ist ein zwischen den Punkten y und z zugeführter Energiestrom $\dot{Q}_{zu}$ definiert, der im Rahmen der Modellierung plausibel als Wärme interpretierbar ist. Ein alternativer und einfacherer Weg wäre die Setzung $\dot{E}_B = \dot{Q}_{zu}$. Da dies aus thermodynamischer Sicht jedoch keine Plausibilität darstellt, wird dieser Weg hier nicht beschritten. Aus der Temperaturentwicklung zwischen den Stellen y und z ergibt sich dann die mittlere Temperatur der Wärmezufuhr $T_{m,zu}$.

Die Wärmeabfuhr ist vergleichbar zu modellieren. Das an der Stelle 5 auf Umgebungsdruck expandierte Rauchgas wird im Kontakt mit der Umgebung im gedanklichen Wärmetauscher auf Umgebungstemperatur T_U gekühlt. Dabei tritt der Abwärmestrom $\dot{Q}_{ab}$ auf. Die mittlere Temperatur der Wärmeabfuhr $T_{m,ab}$ berechnet sich dann in bekannter Weise aus der Temperaturentwicklung zwischen ϑ_5 und ϑ_U.

Der im Rahmen des thermodynamischen Modells eingeführte Energiestrom $\dot{E}_{B1}$ hängt unmittelbar mit dem Stoffwandel durch die Oxidationsreaktion in der Brennkammer zusammen. An der Stelle x nach Abb. 5.23 liegt noch kein Rauchgas vor. Die Verdichtungsarbeit ist an den Stoffströmen $\dot{m}_{LS}$ und $\dot{m}_B$ erfolgt. Wäre die Verdichtungsarbeit der stöchiometrischen Rauchgasmenge $\dot{m}_{RS} = \dot{m}_B + \dot{m}_{LS}$ - ausgehend vom Umgebungszustand mit p_U und T_U - in der Weise zugeführt worden, dass an der Stelle x dieselbe Endtemperatur ϑ_x erreicht wird, so würden sich die Verdichtungsarbeiten unterscheiden. Diese Differenz der unterschiedlich gebildeten Verdichtungsarbeiten pro Zeit ergibt den gesuchten Energiestrom $\dot{E}_{B1}$, siehe Gl. (V).

$$\dot{E}_{B1} = \dot{m}_{RS} \cdot \Delta h_{RS} - [\dot{m}_B \cdot \Delta h_B + \dot{m}_{LS} \cdot \Delta h_{LS}] \ . \qquad (V)$$

Die Entropiemethode als Effizienzanalyse

Die Berechnung der Differenzen der spezifischen Enthalpien Δh ist elementar. Wie man sich leicht überzeugen kann, ergibt die Summe von $\dot{E}_{B1}$ und $\dot{E}_{B2}$ den Energiestrom $\dot{E}_B$:

$$\dot{E}_{B1} + \dot{E}_{B2} = \dot{E}_B = \dot{m}_B \cdot Hu(\vartheta_U) \ . \qquad \text{(VI)}$$

Die Energieströme nach den Gleichungen (IV) und (V) gehen somit in korrekter Weise in die Energiebilanz der Brennkammer ein.

Aus Gl. (IV) und (VI) kann man die dimensionslosen Größe $\gamma = \dot{E}_{B1} / \dot{E}_B$ bilden. Diese lässt wie folgt umrechnen:

$$\gamma = 1 - Hu(\vartheta_x) / Hu(\vartheta_U) \ . \qquad \text{(VII)}$$

Je nach Tendenz der Heizwertentwicklung mit der Ermittlungstemperatur ϑ, siehe Abb. 5.21, kann γ positive oder negative Werte annehmen: Für Methan wird γ positiv, für Wasserstoff hingegen negativ. Durch die Aufteilung des Energiestroms $\dot{E}_B$ gemäß Gl. (VI) und damit indirekt über die Größe γ wird sichergestellt, dass im Rahmen des Modells $\dot{E}_B$ vollständig übertragen wird. Des Weiteren wird die „Schließbedingung" gefunden, um im System mit *geschlossenen* Stoffströmen (stöchiometrisches Rauchgas und Luft) rechnen zu können. In Abb. 5.24 ist das verwendete thermodynamische Modell in Vergleich zu Abb. 5.23 in verdichteter Form wiedergegeben. Man erkennt die zirkulierenden Stoffströme und den vom Brennstoffstrom getrennten immateriellen Energiestrom $\dot{E}_B$ als Input-Energiestrom.

Es ist nun nach Einführung eines modellhaften Zu- und Abwärmestroms $\dot{Q}_{zu}$ und $\dot{Q}_{ab}$ problemlos möglich, eine Entropiebilanz in Verbindung mit einer Energiebilanz am System durchzuführen und Gl. (IIa) an die Besonderheit der inneren Verbrennung anzupassen; Abb. 5.24 zeigt den hier maßgeblichen Bilanzraum in vereinfachter Form.

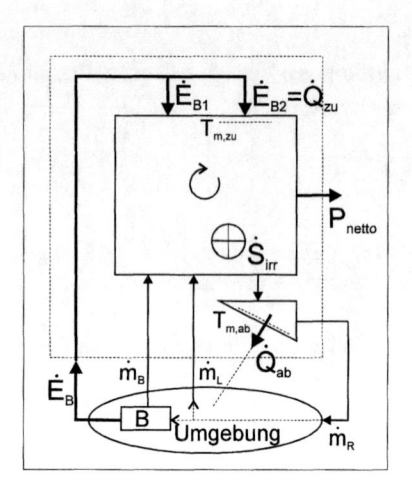

Abb. 5.24 Zur Modellierung der inneren Verbrennung

Eine Anpassung von Gl. (IIa) ist deshalb erforderlich, da sich der thermische Wirkungsgrad η_{th} nach Gl. (I) nicht auf $\dot{Q}_{zu}$, dies ist die Voraussetzung für Gl. (IIa), sondern auf $\dot{E}_B$ bezieht. Unter Verwendung der Größe γ nach Gl. (VII) findet man:

$$\eta_{th,IIb} = A - \sum B_i \qquad \text{(IIb)}$$

mit $A = 1 - (1-\gamma) \cdot T_{m,ab} / T_{m,zu}$ (modifizierter Carnot-Faktor)
und $B_i = T_{m,ab} / \dot{E}_B \cdot \dot{S}_{irr,i}$ (modifiziertes Irreversibilitätselement).

In Gl. (IIb) geht auch das der Stoffwandlung zugeordnete Irreversibilitätselement B_x ein, das - wie folgt - berechnet wird:

$$B_x = T_{m,ab} / \dot{E}_B \cdot \dot{m}_{RS} \cdot (s_{RS,y} - s_{RS,U}). \qquad \text{(VIII)}$$

Das Element B_x ist proportional der Entropieänderung, die bei der Verdichtung des *fiktiven* stöchometrischen Rauchgasstrom $\dot{m}_{RS}$ vom Umgebungszustand U (mit p_U und T_U) auf den Zustand y (mit p_Y und T_Y), Abb. 5.23, auftritt. Die *tatsächliche* Verdichtungsarbeit erfolgt an Brennstoff und stöchiometrischer Luftmenge. Unterstellt man zur besseren Veranschaulichung eine adiabatreversible Verdichtung, so wird im Regelfall die spez. Entropiedifferenz des stöchiometrischen Rauchgases nach Gl. (VIII) einen von Null verschiedenen Wert annehmen. Bei allen gerechneten Beispielen, siehe auch Abschnitt 5.3.2,

Die Entropiemethode als Effizienzanalyse 105

wird diese Entropiedifferenz des stöchiometrischen Rauchgases $(s_{RS,y}-s_{RS,U})$ positiv und damit auch B_x. Nicht völlig auszuschließen sind jedoch auch negative Wert von B_x. Letztlich wird über das Element B_x die sonst im Rahmen der Modellierung anstehende Entropielücke gefüllt, die bei fiktiv geschlossenen Kreisläufen nicht auftreten kann und darf. In diesem Sinne ist die Bezeichnung von B_x als Irreversibilitätselement noch problematisch; es ist ein Prozesselement besonderer Art. Ließe sich jedoch zweifelsfrei nachweisen, dass B_x unter allen Bedingungen einen positiven Wert erhält, so wäre die Bezeichnung Irreversibilitätselement zu rechtfertigen. Wir unterstellen dies hier auch aus Gründen der Systematik und bezeichnen B_x als das gesuchte Irreversibilitätselement der Stoffwandlung.

In Abb. 5.25 wird das Element B_x bei unterstellter reversibler Verdichtung des gewählten Brennstoffs Methan und der stöchiometrischen Verbrennungsluft gemäß Gl. (VIII) ermittelt, siehe auch Abb. 5.23. Variiert wird der Brennkammerdruck $p_{max}=p_x$ und die Temperatur vor Turbine $\vartheta_{max}=\vartheta_4$.

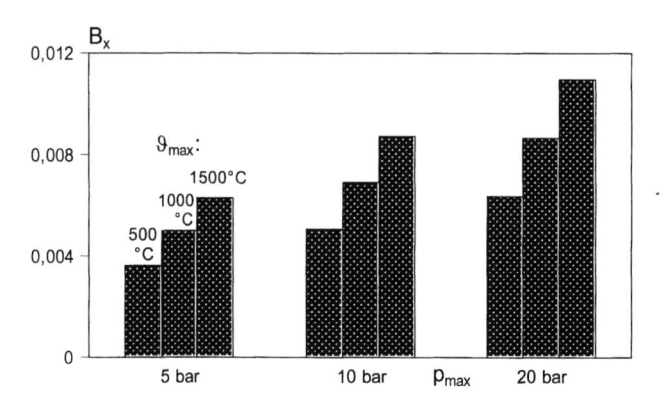

Abb. 5.25 Irreversibilitätselement B_x bei sonst reversiblen Prozessbedingungen

Das Element B_x ist von kleiner Größenordnung und liegt für die betrachteten Datenfälle bei ca. 1% und weniger. Für die korrekte Modellierung der inneren Verbrennung im Rahmen der Entropiemethode ist die Einführung von B_x jedoch unverzichtbar. Vergleicht man B_x mit der testweise eingeführten Größe $B_{x,0}$ nach Abb. 5.22, so erkennt man, dass zwischen diesen Werten keinerlei thermodynamische Kompatibilität besteht.

Die vorgestellte Modellierung ermöglicht auch bei Prozessen mit innerer Verbrennung eine korrekte Anwendung von Gl. (IIa) bzw. (IIb), die wiederum

Ausgangspunkt einer thermodynamischen Prozessanalyse ist. Ziel einer solchen Analyse ist die Aufdeckung des Prozesspotentials über den Carnot-Faktor A und seine Minderung über die Irreversibilitätselemente B_i.

Eine erste Anwendung:

Es soll nun der einfache GT-Prozess nach Abb. 5.20 bzw. 5.23 beispielhaft behandelt werden. Folgende Hauptdaten werden gewählt:

> Brennstoff: Methan;
> Umgebungszustand: p_U=1 bar; ϑ_U=25°C;
> Maximalzustände: p_{max}=p_2=p_8=10 bar; ϑ_{max}=ϑ_4=1000°C;
>
> Maschinenwirkungsgrade: $\eta_{SV,B}$=0,8; $\eta_{SV,L}$=0,9; η_{ST}=0,9;
> Brennkammerdruckverlust: Δp=2 bar.

Die auftretenden Irreversibilitätselemente berechen sich gemäß Gl. (IIb) und (VIII) wie folgt:

Verdichtung der Überschussluft:
$$B_1 = T_{m,ab} / \dot{E}_B \cdot \dot{m}_{LU} \cdot (s_2 - s_1).$$

Einmischung der Überschussluft:
$$B_2 = T_{m,ab} / \dot{E}_B \cdot (\dot{m}_{RS} \cdot (s_3 - s_Z) + \dot{m}_{LU} \cdot (s_3 - s_2)).$$

Brennkammerdruckverlust:
$$B_3 = T_{m,ab} / \dot{E}_B \cdot \dot{m}_R \cdot (s_4 - s_3).$$

Expansion in Turbine:
$$B_4 = T_{m,ab} / \dot{E}_B \cdot \dot{m}_R \cdot (s_5 - s_4).$$

Verdichtung des Brennstoffs und der stöchiometrischen Luft:
$$B_5 = T_{m,ab} / \dot{E}_B \cdot (\dot{m}_{LS} \cdot (s_2 - s_1) + \dot{m}_B \cdot (s_8 - s_7)).$$

Stoffwandel:
$$B_x = T_{m,ab} / \dot{E}_B \cdot \dot{m}_{RS} \cdot [s_{RS}(p_y, \vartheta_y) - s_{RS}(p_U, \vartheta_U)] - B_5.$$

Das Element B_x ist gemäß Herleitung proportional der Entropieänderung des vorgestellten stöchiometrischen Rauchgases zwischen dem Umgebungszustand

Die Entropiemethode als Effizienzanalyse 107

(p_U, ϑ_U) und dem Zustand y (nach Abb. 5.23), abzüglich des Irreversibilitätselement B_5 für die Verdichtung der realen Stoffströme von Brennstoff und stöchiometrischer Luft. Damit ist unter den herrschenden Prozessbedingungen in B_x das Irreversibilitätselements für die Stoffwandlung rein erfasst. In Abb. 5.26 ist für den betrachteten GT-Prozess das gerechnete Irreversibilitätsprofil mit den Elementen B_1 bis B_x dargestellt.

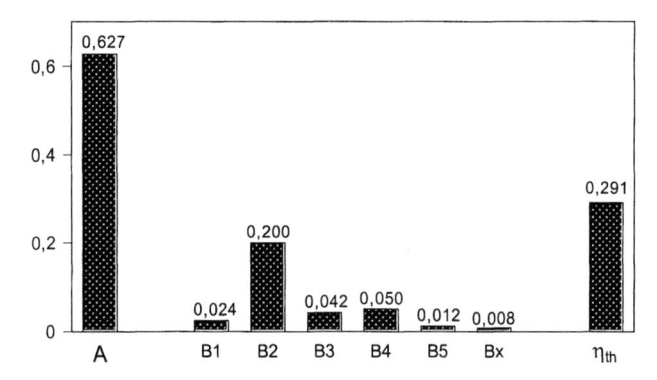

Abb. 5.26 Irreversibilitätsprofil des GT-Prozesses nach Abb. 5.20

Dem Brennkammerteilprozess sind die Elemente B_2 (Einmischung der Überschussluft), B_3 (Brennkammerdruckverlust) und B_x zuzuordnen, wobei das Element B_2 dominiert, siehe Abb. 5.26: $B_{Brennkammer}=B_2+B_3+B_x$. Dieser Teilprozess liefert für den betrachteten Fall den Hauptanteil der Prozessirreversibilität.

Auch die Exergiemethode würde im Brennkammerteilprozess den Hauptanteil des Exergieverlustes erkennen. Dennoch ergeben sich zwischen der Entropie- und der Exergiemethode grundsätzliche Unterschiede, auf die im Folgeabschnitt näher eingegangen wird.

5.3.2 Anwendung auf einen Prozess mir innerer Verbrennung und Vergleich mit der Exergiemethode

Die in Abschnitt 4.4 bereits behandelte offene GT-Schaltung mit Rekuperator (einfaches Stoffmodell, ungekühlte Turbine) wird erneut aufgegriffen, siehe Abb. 5.27, und der Einfluss des Druckverhältnisses auf das Prozessverhalten untersucht.

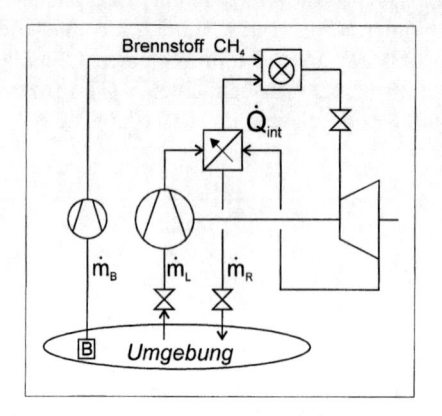

Abb. 5.27 GT-Schaltung mit Rekuperator

Der Prozess wir durch folgende Hauptdaten bestimmt: Temperatur vor Turbine $\vartheta_{max}=1200°C$; der Druck vor Brennkammer wird variiert: $p_{max}=5/10/15$ bar; die mittlere logarithmische Temperaturdifferenz im Rekuperator wird auf $G_{log}=50K$ fest eingestellt; die weiteren Daten sind aus Abb. 4.19 ersichtlich.

Erhöht man das Druckverhältnis und damit p_{max}, so verringert sich das Rekuperationsvermögen des Prozesses; der im Rekuperator intern übertragene Wärmestrom $\dot{Q}_{Rek}$ nimmt ab und verschlechtert als Folge

den thermischen Wirkungsgrad:

$$\eta_{th} = |P|/\dot{E}_B \quad (\text{mit } \dot{E}_B = \dot{m}_B \cdot Hu)$$

bzw. den exergetischen Prozesswirkungsgrad:

$$\eta_{ex} = |P|/\dot{E}_{ex,B} \quad (\text{mit } \dot{E}_{ex,B} = \dot{m}_B \cdot e_{ex,B}),$$

siehe Abb. 5.28.

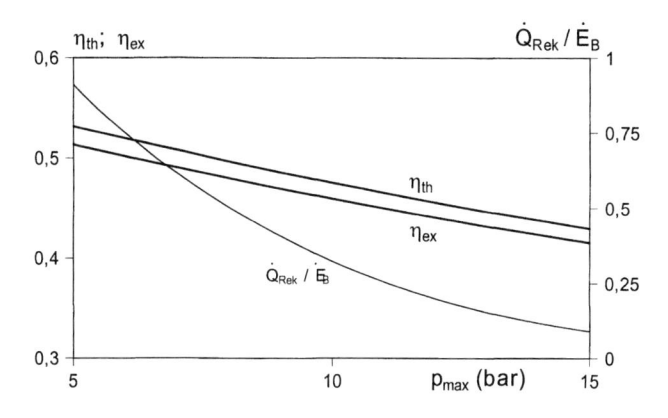

Die Entropiemethode als Effizienzanalyse   109

Abb. 5.28 Der Einfluss des Druckverhältnisses auf den thermischen und exergetischen Wirkungsgrad

Der Brennkammerprozess wird - wie in Abschnitt 5.3.1 bereits dargestellt - modellhaft in die Teilprozesse stöchiometrische Verbrennung, Zumischung der Überschussluft und Drosselung (Erfassung des Brennkammerdruckverlustes) aufgegliedert. Diese Aufgliederung ist aus thermodynamischer Sicht geboten, um insbesondere den wesentlichen Einfluss der Überschussluft auf die Prozesseffizienz als Einzelwert erfassen zu können. In Folge dieser Modellierung wird auch der Rekuperatorprozess auf die stöchiometrische Luft ($\dot{Q}_{Rek,S}$) und die Überschussluft ($\dot{Q}_{Rek,U}$) aufgeteilt, siehe Abb. 5.29.

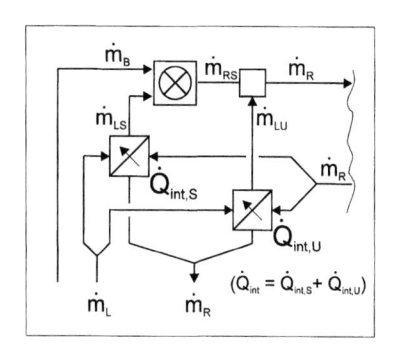

Abb. 5.29 Zur Aufgliederung des Brennkammerteilprozesses

Analyse nach der Exergiemethode:

Analysiert man den Prozess nach Abb. 5.27 in Verbindung mit Abb. 5.29 nach der Exergiemethode gemäß Abschnitt 4, so finden sich folgende exergetische Irreversibilitätsquellen, die über die Elemente C_i (gemäß Gl. (4.8)) erfasst werden, Abb. 5.30:

a) Irreversible Verdichtung von Luft und Brennstoff
b) Irreversible Rauchgasentspannung in der Turbine
c) Drosselungen in den modellhaft eingeführten Drosseln
d) Einmischung der Überschussluft in den stöchiometrischen Rauchgasstrom (Temperaturausgleich und Diffusion)
e) Interner Wärmetransport im Rekuperator
f) Verbrennung unter stöchiometrischen Bedingungen
g) Einmischung der Abgase in die Umgebung (Temperaturausgleich und Diffusion).

Nach Gl. (4.8) muss streng gelten: $\eta_{ex} = 1 - C_i$. Man erkennt aus Abb. 5.30, dass das Irreversibilitätselement der stöchiometrischen Verbrennung C_f und der Einmischung des Abgases in die Umgebung C_g (der Diffusionsanteil hieran beträgt ca. 15%) den Hauptanteil der Irreversibilität ausmachen. Mit zunehmendem Druckverhältnis wachsen diese Anteile und begründen wesentlich den Abfall des Wirkungsgrades η_{ex} nach Abb. 5.28. Die modellbedingte Einmischung der Überschussluft in das stöchiometrische Rauchgas, die im Grundsatz prozesstechnisch beeinflussbar ist, liefert ein ebenfalls großes Element C_d, das nur geringfügig mit dem Druckverhältnis bei festgehaltener Temperatur ϑ_{max} ansteigt. Die im Element C_e erfasste Irreversibilität des Rekuperators ist hingegen von geringerer Bedeutung.

Es sei an dieser Stelle bereits darauf hingewiesen, dass die dominierenden Elemente C_f und C_g kaum beeinflussbare *Folgen* von nichtbehebaren *Ursachen* für den betrachteten Prozesstyp darstellen.

Die Entropiemethode als Effizienzanalyse 111

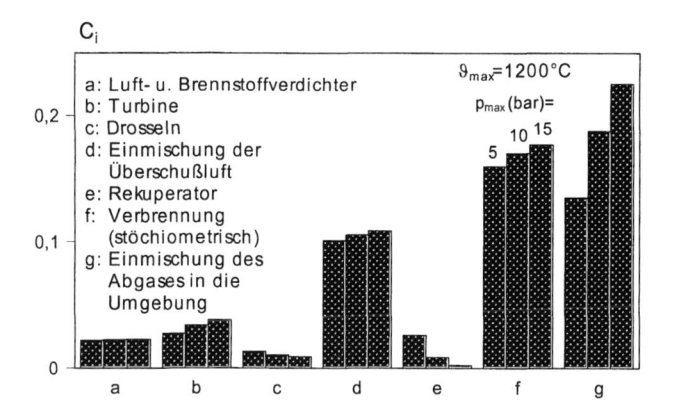

Abb. 5.30 Exergetisches Irreversibilitätsprofil des GT-Prozesses mit Rekuperator

Analyse nach der Entropiemethode:

Der Prozess wird nun nach der Entropiemethode analysiert. Nach Gl. (5.1) gilt streng: $\eta_{th} = A - \sum B_i$. Der Carnot-Faktor A repräsentiert das über die Temperaturen aufgebaute Prozesspotential, welches durch die Irreversibilitätselemente B_i geschmälert wird. Durch Erhöhung des Druckverhältnisses sinkt über den Rekuperatoreinfluss die mittlere Temperatur der Wärmezufuhr $T_{m,zu}$ und es steigt die mittlere Temperatur der Wärmeabfuhr $T_{m,ab}$. (Es wird die thermodynamische Modellierung nach Abschnitt 5.3.1 zugrunde gelegt.) In Abb. 5.31 ist der hieraus resultierende Einfluss auf den Carnot-Faktor A mit angegeben.

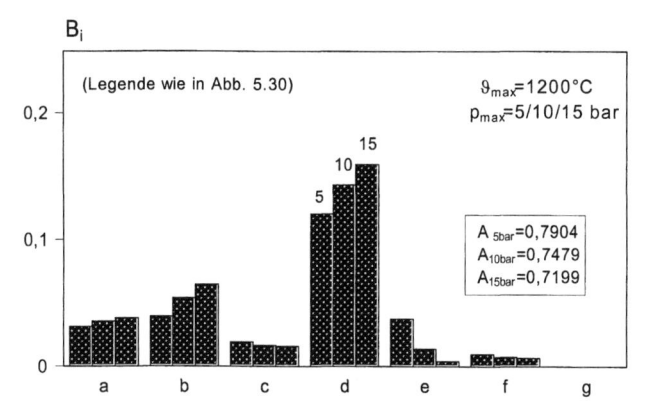

Abb. 5.31 Entropisches Irreversibilitätsprofil des GT-Prozesses mit Rekupertor

Vergleicht man nun die (entropischen) Irreversibilitätselemente B_i nach Abb. 5.31 mit den (exergetischen) Irreversibilitätselementen C_i nach Abb. 5.30, so ergeben sich folgende grundsätzliche Unterschiede. Ein zu C_g korrespondierendes Element B_g existiert nicht. Die Abgaseinmischung in die Umgebung wird im Rahmen der Entropiemethode als Abwärme interpretiert. Die Vermischung der Abgase in die Umgebung durch Diffusion ist ausgeblendet, da modellhaft mit geschlossenen Stoffströmen (stöchiometrisches Rauchgas und Überschussluft) gerechnet wird. Aus dem gleichen Grunde ist auch im Element B_d (Einmischung der Überschussluft) kein irreversibler Diffusionsanteil enthalten. Mischung und modellhaft bedingte Entmischung heben sich im Rahmen der Modellierung während eines Umlaufs auf.

Des Weiteren wird die Irreversibilität der stöchiometrischen Verbrennung, erfasst in C_f bzw. B_f, völlig unterschiedlich dargestellt. Die Exergiemethode geht von einer „absoluten" Perspektive aus: Welches grundsätzliche Arbeitspotential hat der eingesetzte Brennstoff, der ja auch (z. B.) in einer idealen Brennstoffzelle genutzt werden könnte. Dies führt zu dem hohen Verlustbalken C_f nach Abb. 5.30. Von diesem Gesichtspunkt aus kann das tatsächliche Potential des eingesetzten Brennstoffs im konkreten Prozess nicht reflektiert werden; eine Gasturbinenbrennkammer wird mit einem Idealprozess verglichen, der jenseits jeder Realität ist. Auch die Entropiemethode liefert nach Abb. 5.31 ein Irreversibilitätselement B_f, das jedoch relativ klein ist. Es kommt gemäß den Ausführungen in Abschnitt 5.3.1 und unter Beachtung von Abb. 5.29 wie folgt zustande: Die Entropieentwicklung des stöchiometrischen Rauchgases vom Umgebungszustand U mit (p_U, ϑ_U) zum Zustand y (nach Abb. 5.23) mit (p_y, ϑ_y) wird mit der Entropieentwicklung des Brennstoffs und der stöchiometrischen Luft von Umgebungszustand bis zu Eintritt in die Brennkammer verglichen; die sich ergebende Differenz ist dann dem Irreversibilitätselement B_f proportional. Die Kleinheit des Elementes B_f zeigt an, dass sich hierüber kein Optimierungsziel für den betrachteten Prozess ableiten lässt.

Vergleicht man die im Rahmen der Prozessgestaltung unmittelbar beeinflussbaren Irreversibilitätselemente C_a bis C_e mit den korresependierenden Elementen B_a bis B_e, so fallen die B_i-Elemente durchweg größer aus. Die über die Entropiemethode aufgedeckte Irreversibilität wird somit am Gestaltbaren festgemacht. Wie noch in Abschnitt 7 dargelegt wird, liefert die Entropiemethode damit den geeigneten Ausgangspunkt für eine Prozessoptimierung.

Die Exergiemethode und die Entropiemethode liefern eine unterschiedliche Prozessbewertung. Zugespitzt kann die Exergiemethode als fundamental, die Entropiemethode als spezifisch bezeichnet werden. Die Exergetik als eingeführte Methode führt aufgrund ihres allgemeinen Ansatzes zu einer sinnvollen, jedoch prozessferneren Bewertung. Besteht jedoch die Aufgabenstellung, einen speziellen Prozesstyp weiterzuentwickeln, so ist im Regelfall eine prozessnähere Bewertung problemgerechter. Diese leistet die Entropiemethode, die sich dem einzelnen Prozess besser anpasst und die alle Schließbedingungen für die Energie- und Entropiebilanz im betrachteten System selber (und nicht über den Weg der Umgebung als Exergienullpunkt) findet. Die Umgebung geht im Rahmen der Entropiemethode nicht unmittelbar in die Prozessberechnung ein; mittelbar wird die Wirkung der Umgebung natürlich vollständig erfasst, sie wäre auch schlechterdings nicht ausblendbar.

5.3.3 Thermodynamische Brennstoffbewertung

Die Verbrennung fossiler oder biogener Brennstoffe wird über die Feuerungstechnik beschrieben. Wichtige Fragen wie zum Beispiel Zündfähigkeit, Ausbrandverhalten und Schadstoffbildung sind für den jeweiligen Brennstoff zu klären mit dem Ziel, den Teilprozess Verbrennung optimal führen zu können. Die Frage, wie der Brennstoff auf den Gesamtprozess, der nachfolgend ausschließlich als Kraft-Wärme-Prozess zu denken ist, rückwirkt, steht dann nicht im Vordergrund. Die in diesem Abschnitt dargestellten Überlegungen haben nun folgende Zielsetzung. Es geht um die Frage: Wie wirkt sich der Einsatz unterschiedlicher Brennstoffe auf die Effizienz des Gesamtprozesses aus, und an welchen Parametern kann dieser Einfluss festgemacht werden?

Bei der thermodynamischen Fragestellung, wie sich der Einsatz unterschiedlicher Brennstoffe auf die Effizienz des Gesamtprozesses auswirkt, wird eine optimale Führung der Verbrennung bereits vorausgesetzt. Unterschiedliche Brennstoffe als Einsatzenergie werden zu unterschiedlichen Effizienzgraden des Gesamtprozesses führen. Die hier wirksamen Parameter werden sowohl brennstoffspezifisch als auch betrieblich bedingt sein. In Tabelle 5.1 sind die in die nachfolgende Untersuchung eingehenden Brennstoffe aufgeführt.

	Brennstoff	C/H [kg/kg]	a	b	c
1	H2	0	1,397	1,266	0,984
2	4H2+CH4	0,993	0,467	0,422	0,33
3	H2+CH4	1,986	0,156	0,141	0,109
4	CH4	2,979	0	0	0
5	C2H6	3,972	-0,05	-0,039	-0,067
6	C3H8	4,469	-0,073	-0,059	-0,092
7	C	∞	-0,345	-0,341	-0,333

Tab. 5.1 Brennstoffdaten in Relation zu Methan (CH_4)

In Tab. 5.1 ist

a die relative Differenz des Heizwertes $(Hu-Hu_{CH4})/Hu_{CH4}$,
b die relative Differenz der spez. Brennstoffexergie $(e_{ex,B}-e_{ex,B,CH4})/e_{ex,B,CH4}$
c die relative Differenz der stöchiometrischen Verbrennungsluft.

Betrachtet werden Prozesse mit innerer Verbrennung (GT-, Diesel-Prozess etc.) mit dem Verbrennungsprodukt Rauchgas als anteiligem Arbeitmedium. Damit ist die Verbrennung unter Druck angesprochen. Die hier ausschlaggebende Arbeitkoordinate p (Druck) wird prozessbedingt sowohl für die Verbrennungsteilnehmer über Kompression wie für die Verbrennungsprodukte über Expansion betätigt. Andernfalls würde der thermodynamisch triviale Fall der atmosphärischen Verbrennung angesprochen, bei dem die Nutzung des Brennstoffs über die Energieform Wärme erfolgt, deren Bewertung thermodynamisch über die Exergie- oder Entropiemethode unproblematisch ist.

Am Beispiel des einfachen offenen Gasturbinenprozesses nach Abb. 5.20 als Modellprozess wird der Brennstoffeinfluss auf die Prozesseffizienz aufgezeigt. Die Druckverluste werden Null gesetzt und eine isentrope Kompression und Expansion unterstellt, um die Wirkung des Brennstoffes ohne Einfluss sonstiger Irreversibilitätseffekte unverzerrt darzustellen. Unter Beachtung des Brennkammermodells nach Abb. 5.23 sind dann im Rahmen der Entropiemethode nur zwei Irreversibilitätselemente wirksam: Der Stoffwandel über das Element B_x und die Einmischung der Überschussluft über das Element B_2.

Der thermische Wirkungsgrad des Prozesses nach Gl. (IIb) wird dann:

$$\eta_{th} = A - \sum B_i = (1-(1-\gamma)\cdot T_{m,ab}/T_{m,zu}) - (B_x + B_2). \qquad \text{(IIc)}$$

Die Entropiemethode als Effizienzanalyse 115

In die Wirkungsgradgleichung gehen somit die Größe γ (nach Gl. (VII)) und das Verhältnis der Mitteltemperaturen $T_{m,ab}/T_{m,zu}$ ein, die den Carnot-Faktor A bilden, sowie die Elemente B_x (bedingt durch Stoffwandel) und B_2 (bedingt durch Einmischung der Überschussluft).

Die Größe γ ist sowohl brennstoffabhängig als auch von der Temperatur der komprimierten stöchiometrischen Luft und des Brennstoffes ($\vartheta_x=\vartheta_y$ gemäß Brennkammermodell nach Abb. 5.23) und damit vom Druckverhältnis π abhängig, siehe Abb. 5.32.

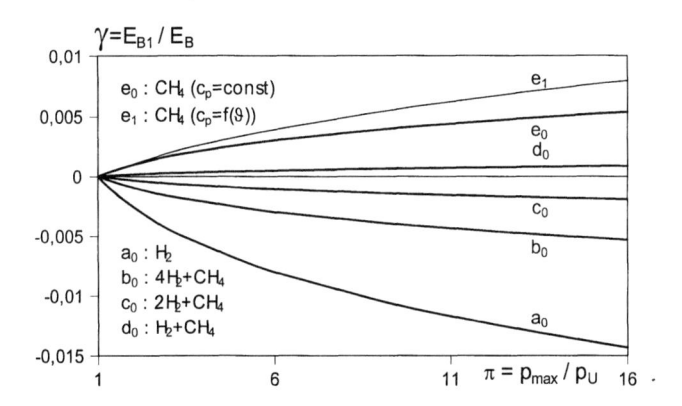

```
         γ=E_B1 / E_B
0,01 ┬
     │   e₀ : CH₄ (cp=const)                          e₁
0,005┤   e₁ : CH₄ (cp=f(ϑ))  
     │                                                e₀
0    ┤                                                d₀
     │                                                c₀
-0,005┤  a₀ : H₂                                      b₀
     │   b₀ : 4H₂+CH₄
-0,01┤   c₀ : 2H₂+CH₄
     │   d₀ : H₂+CH₄                                  a₀
-0,015┤
      1                6                 11   π = p_max / p_U   16
```

Abb. 5.32 Die Brennstoffgröße γ in Abhängigkeit vom Druckverhältnis π und der Brennstoffart

Legt man für den modellhaft vereinfachten GT-Prozess folgende Hauptdaten fest:

$p_U=1$ bar, $p_{max}=16$ bar und $\vartheta_{vT}=1200°C$ (Temperatur vor Turbine),

so können alle genannten Größen für die verschiedenen Brennstoffe (Nr. 1 bis Nr. 7 nach Tab. 5.1) über eine Kreislaufrechnung ermittelt werden, siehe Abb. 5.33 und Abb. 5.34.

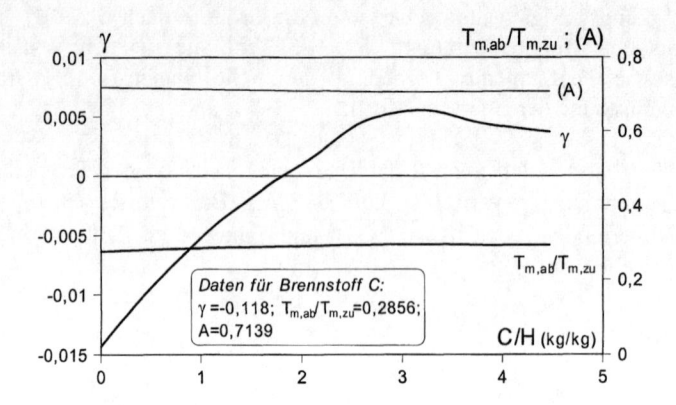

Abb. 5.33 Die Entwicklung von γ und $T_{m,ab}/T_{m,zu}$ in Abhängigkeit vom C/H-Verhältnis der Modellbrennstoffe nach Tab. 5.1

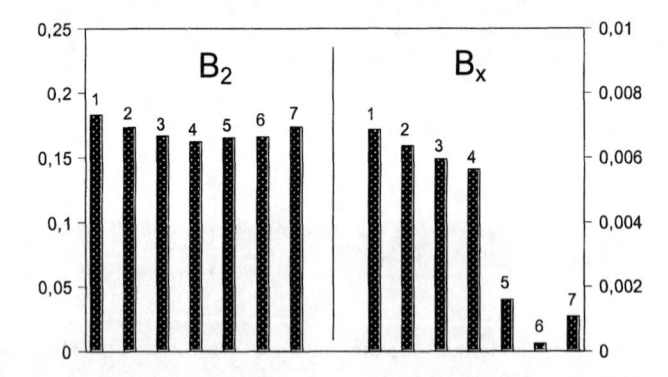

Abb. 5.34 Die Entwicklung der Irreversibilitätselemente B_x und B_2 für die Brennstoffe nach Tab. 5.1

Der Brennstoffeinfluss auf den Wirkungsgrad η_{th} ist in Abb. 5.35 relativ zum Brennstoff Methan dargestellt. Der höchste Wirkungsgrad wird mit dem Brennstoff Propan, der niedrigste mit dem Brennstoff H_2 erreicht. Man erkennt, dass die thermodynamische Bewertung der Verbrennung allein über den zugeführten Energiestrom $\dot{E}_B = \dot{m}_B \cdot Hu(\vartheta_U)$ unzulänglich ist.

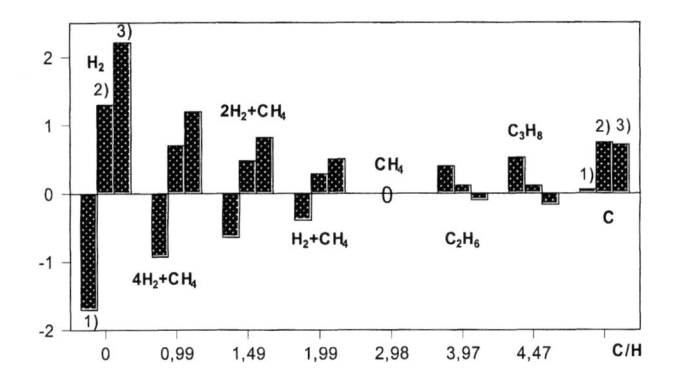

Die Entropiemethode als Effizienzanalyse 117

Abb. 5.35 Der Wirkungsgradeinfluss der Brennstoffe nach Tab. 5.1

In Abb. 5.35 bedeuten die einzelnen Balken in % :

1) $(\eta_{th} - \eta_{th,CH4})/\eta_{th,CH4}$
2) $(A - A_{CH4}) \cdot 100$
3) $((B_x + B_2) - (B_x + B_2)_{CH4}) \cdot 100$.

Es stellt sich nun die Frage, ob eine thermodynamische Bewertung der Verbrennung über die Größen γ, B_x und B_2, die als Verbrennungsparameter bezeichnet werden sollen, möglich ist. Je kleiner γ ist, umso größer wird sich die (fiktive) Maximaltemperatur der stöchiometrischen Verbrennung entwickeln und damit der Carnot-Faktor A. Da jedoch die Temperatur vor der Turbine die Zielgröße ist, die durch Zumischung der Überschussluft eingestellt wird, führt im Regelfall ein kleiner Wert von γ zu einer Erhöhung des Elementes B_2. Als Ergebnis vieler Testrechnungen zeigt sich, dass eine Vergrößerung von A durch eine Vergrößerung von B_2 überkompensiert wird. Insoweit ist ein großer Wert von γ wünschenswert. Die dargestellte Korrelation zwischen γ und $(A-B_2)$ wird in Abb. 5.36 rechnerisch verifiziert.

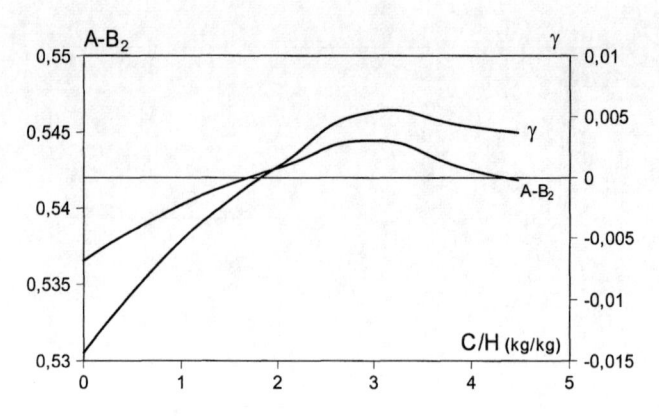

Abb. 5.36 Die korrelierte Wirkung der Verbrennungsparameter γ und B_2

Der thermodynamische Verbrennungsparameter B_x für die Stoffwandlung hat nur einen begrenzten Einfluss auf die Prozesseffizienz, da er um mehr als eine Größenordnung kleiner als B_2 ausfällt, siehe auch Abb. 5.34. Grundsätzlich ist gemäß Gl. (IIc) ein kleiner Wert B_x wünschenswert; man beachte die diesbezüglichen Unterschiede zwischen den Brennstoffen Nr. 1 (H_2) und Nr. 6 (C_3H_8) nach Abb. 5.34.

Durch die Einführung der thermodynamischen Verbrennungsparameter γ, B_x und B_2, die nach Gl. (IIc) *unmittelbar* in den thermischen Wirkungsgrad eingehen, ist eine neuartige Bewertung von Brennstoffen im Hinblick auf die Prozesseffizienz möglich. Eine entsprechende systematische Untersuchung für alle relevanten Brennstoffe wäre sehr wünschenswert; sie ist noch zu erbringen.

5.4 Zusammenfassung

Die Entropiemethode als Effizienzanalyse geht vom Potential eines Prozesses aus, das sich über die Temperaturunterschiede im System aufbaut und im Carnot-Faktor A erfasst wird. Dieses Potential wird durch Irreversibilitätselemente B_i gemindert, die der Entropieerzeugung im jeweiligen Teilsystem proportional sind. Die Elemente B_i bilden ein Irreversibilitätsprofil und liefern einen tiefen thermodynamischen Einblick in das Prozessgeschehen: $\eta_{th} = A - \sum B_i$. Die Elemente B_i wirken auf den Carnot-Faktor A zurück; sie können ihn verkleinern oder vergrößern, ihre Wirkung ist jedoch immer negativ. Hierauf wird noch in Abschnitt 7 näher eingegangen.

Die Entropiemethode als Effizienzanalyse

Die Entropiemethode zur Analyse von Kreisprozessen setzt geschlossene Stoffkreisläufe voraus. Werden Prozesse mit innerer Verbrennung betrachtet, so muss diese Bedingung über eine geeignete thermodynamische Modellierung geschaffen werden. Hieraus ergibt sich eine neuartige Bewertungen des Stoffwandelprozesses vom Brennstoff zum Rauchgas.

Die Entropiemethode bedarf keiner Nullpunktsetzung als Bezugspunkt. Sie findet alle relevanten Daten im betrachteten System selbst. Darin unterscheidet sie sich wesentlich von der Exergiemethode. Dies hat zur Folge, dass die Entropiemethode im Regelfall eine prozessnähere Sicht der Bewertung zulässt als die Exergiemethode. Die Exergiemethode hingegen orientiert sich am grundsätzlich Möglichen und nicht am technisch Möglichen. Beide Methoden haben ihre Berechtigung und ergänzen sich.

Thermodynamisches Intermezzo Nr. 6a

Giordano Bruno (1548 - 1600)

Von der Ursache, dem Princip und dem Einen:

... Jede Erzeugung, von welcher Art sie auch sei, ist eine Veränderung, während die Substanz immer dieselbe bleibt, weil es nur eine giebt, ein göttliches, unsterbliches Wesen. Das hat Pythagoras wohl einzusehen vermocht, welcher den Tod nicht fürchtet, sondern nur eine Verwandlung erwartet; alle Philosophen haben es einzusehen vermocht, die man gewöhnlich Naturphilosophen nennt, und welche lehren, dass nichts seiner Substanz nach entstehe oder vergehe: es sei denn, dass wir auf diese Weise die Veränderung bezeichnen wollen. Das hat Salomo eingesehen, welcher lehrt, dass es nichts neues unter der Sonne gebe sondern das, was ist, schon vorher war. Da seht ihr also, wie alle Dinge im Universum sind und das Universum in allen Dingen ist, wir in ihm, es in uns, und so alles in eine vollkommene Einheit einmündet. Da seht ihr, wie wir uns nicht den Geist abquälen, wie wir um keines Dinges willen verzagen sollten. ...

(Übersetzung durch A. Lasson, 1872)

Am 17. 2. 1600 wird Bruno in Rom öffentlich verbrannt.

6 Die Entropiemethode zur Leistungsanalyse

Im System auftretende Irreversibilitätsquellen verschlechtern jeden Prozess. Ihr Einfluss auf die Prozesseffizienz wird durch die Irreversibilitätselemente B_i, siehe Abschn. 5, erfasst. Darüber hinaus kann die Irreversibilität beim Arbeitsprozess zu einer Schmälerung der abgebbaren Nettoleistung (spezifisch: Arbeitseinbuße), beim Kälte- oder Wärmepumpenprozess zu einem Leistungsmehraufwand (spezifisch: Arbeitsmehraufwand) führen.

Für rechts- und linksdrehende Kreisprozesse wird hierfür der gemeinsame Begriff „Leistungs- bzw. Arbeitseinbuße" eingeführt, auch wenn dieser für linksdrehende Prozesse (Einbuße infolge von Mehraufwand) nicht optimal erscheint.

Die Arbeitseinbuße tritt nur in den Aggregaten (Teilsystemen) auf, in denen der Druckauf- bzw. Druckabbau des Arbeits- oder Kältemediums nicht reversibel erfolgt, da im Kreisprozess das Auftreten der Nettoarbeit immer an die Betätigung der Hauptarbeitskoordinate p gebunden ist. Bei unverzweigtem Stoffstrom gilt bekanntermaßen für jeden Kreisprozess:

$$\sum w_t = \oint v \cdot dp - \sum w_R .$$

Steht eine Irreversibilitätsquelle nicht in Zusammenhang mit dem Druckauf- oder Druckabbau, so tritt immer ein Irreversibilitätselement B_i auf aber keine Arbeitseinbuße. Eine prozessinterne Wärmeübertragung bei endlicher Temperaturdifferenz als Beispiel hat ein B_i zur Folge, nicht jedoch zwangsläufig eine Arbeitseinbuße. Diese wird nur dann auftreten, wenn auf der Heiz- bzw. Aufheizseite des Wärmeübertragers ein Druckverlust unterstellt werden muss. Es ist somit festzuhalten, dass es zwei Arten von Irreversibilitätsquellen gibt:

1. Art: Irreversibilitätsquelle wirkt negativ auf Effizienz und Leistung
2. Art: Irreversibilitätsquelle wirkt negativ nur auf die Effizienz.

Nachfolgend wird die Leistungseinbuße in Folge von Irreversibilitäten behandelt; auf die Irreversibilitätsquellen 1. Art ist somit das Augenmerk zu richten.

Die Entropiemethode zur Leistungsanalyse

6.1 Grundgleichungen zur Leistungsanalyse

Die Leitungseinbuße Y wird durch den Leistungsvergleich zwischen realem Prozess und idealem Vergleichsprozess definiert:

Arbeitsprozess: $\quad Y = P_v - P \quad$ (6.1a)

Kälte- und WP-Prozess: $\quad Y = P - P_v \quad$ (6.1b)

mit P_V als (positive) Leistung des Vergleichsprozesses und P als (positive) Leistung des betrachteten realen Prozesses.

Die Leistungseinbuße Y setzt sich aus Teilbeträgen Y_i zusammen, hervorgerufen durch die Einzelirreversibilitätsquellen 1. Art. Es gilt somit:

$$Y = \sum Y_i. \quad (6.2a)$$

Durch Bezug auf die Leistung des Vergleichsprozesses kommt man zu dimensionslosen Größen:

$$X_i = Y_i / P_v; \quad \sum X_i = Y / P_v. \quad (6.2b)$$

Es soll nun die Leistungseinbuße Y_i ermittelt werden. Vorerst wird eine adiabate Expansionsmaschine (Tubine) betrachtet, in der die Reibungsarbeit $w_{R,12}$ und damit die Entropieerzeugung $s_{irr,12}$ auftreten wird. (Die adiabate Systemgrenze als gesetzte Randbedingung führt hier sehr wohl zum Allgemeinfall, da sich eine z. B. beheizte Expansionsmaschine modellhaft in abwechselnd adiabate Teile mit Druckabbau und beheizte Teile ohne Druckabbau zergliedern ließe.) In Abb. 6.1 ist der Expansionsverlauf der Turbine im T,s-Diagramm dargestellt.

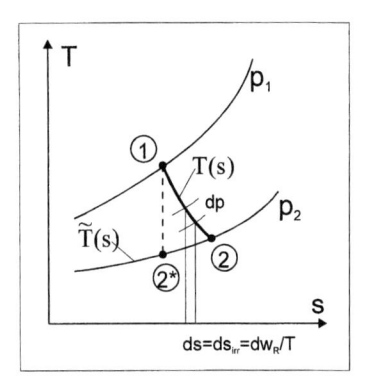

Abb. 6.1 Leistungseinbuße beim irreversibeln Druckabbau

Beim irreversiblen Druckabbau in der Turbine um dp tritt die differentielle spez. Reibungsarbeit dw_R auf. Die zugeordnete spez. Arbeitseinbuße $dy = dY/\dot{m}$ entspricht der Reibungsarbeit abzüglich ihres thermodynamischen Rückgewinns, da die Reibungsarbeit als Energiebetrag im System verbleibt:

$$dy = dw_R - dw_R \cdot (1 - \tilde{T}/T) = \tilde{T} \cdot dw_R / T = \tilde{T} \cdot ds_{irr}. \quad (6.3a)$$

T erfasst den Temperaturgang des expandierenden Mediums vom Zustandspunkt 1 zum Zustandspunkt 2 nach Abb. 6.1; $\tilde{T}$ den Temperaturgang der Isobaren des Turbinengegendrucks p_2. Die Integration von Gl. (6.3a) liefert die spez. Arbeitseinbuße der Turbine:

$$\int_1^2 dy = y_{12} = y_{Turbine} = \tilde{T}_m \cdot s_{irr,12} \quad (6.3b)$$

Oder allgemein:

$$Y_i = \tilde{T}_{m,i} \cdot \dot{S}_{irr,i}. \quad (6.3c)$$

Da die Arbeitseinbuße $y_{Turbine}$ gleich der Differenz der spez. Enthalpien zwischen den Punkten 2^* und 2 nach Abb. 6.1 ist ($y_{Turbine} = h_2 - h_{2*}$), kann die gemittelte Temperatur $\tilde{T}_m$ berechnet werden:

$$\tilde{T}_m = (h_2 - h_{2*})/s_{irr,12}. \quad (6.4)$$

Die über Gl. (6.4) erfasste Temperatur soll als **Wirktemperatur** bezeichnet werden. Es ist die Temperatur, die die Entropieerzeugung einer Irreversibilitätsquelle 1. Art mit der Arbeitseinbuße verknüpft, Gl. (6.3b). Die Höhe von $\tilde{T}_m$ bestimmt die Wirksamkeit einer Irreversibilitätsquelle in Hinblick auf die Arbeitseinbuße.

Es wird nun eine adiabate Kompressionsmaschine (Verdichter, Pumpe) betrachtet, die einen irreversiblen Druckaufbau gemäß Abb. 6.2 zur Folge hat. Die spez. Arbeitseinbuße dy beim Druckaufbau um dp entspricht der auftretenden Reibungsarbeit dw_R zuzüglich der Arbeit dw_t zum „Hochpumpen" der Reibungsarbeit, siehe Abb. 6.2 (kleines Bild, rechts).

$$dy = dw_R + dw_t. \quad (6.5a)$$

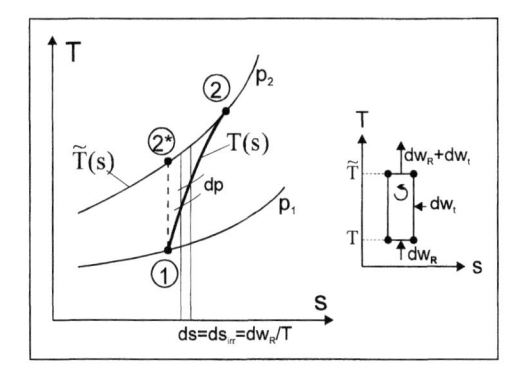

Die Entropiemethode zur Leistungsanalyse 123

Abb. 6.2 Leistungseinbuße beim irreversiblen Druckaufbau

Die differentielle Arbeit dw_t ergibt sich aus dem differentiellen WP-Prozess zwischen den Temperaturen T (Temperaturgang des zu komprimierenden Mediums) und $\tilde{T}$ als Temperaturgang der Isobaren des Verdichtergegendrucks p_2:

$$\varepsilon_{WP,Carnot} = (dw_R + dw_t)/dw_t = \tilde{T}/(\tilde{T}-T). \qquad (6.5b)$$

Fasst man Gl. (6.5b) u. (6.5a) zusammen, so ergibt sich mit $ds_{irr} = dw_R/T$ die identische Gleichung zu (6.3a):

$$dy = \tilde{T} \cdot ds_{irr}. \qquad (6.5c)$$

Die Aufintegration von dy liefert die spez. Arbeitseinbuße $y_{Verdichter}$ (in Übereinstimmung mit Gl. 6.3b). Mit $y_{Verdichter} = h_2 - h_{2^*}$, siehe auch Abb. 6.2, wird der Ausdruck für die Wirktemperatur $\tilde{T}_m$ identisch zu Gl. (6.4).

Die Größen X_i nach Gl. (6.2b), die allen Irreversibilitätsquelle 1. Art zugeordnet werden können, sind leistungsbezogene Irreversibilitätselemente, die neben die bereits eingeführten effizienzbezogenen Elemente B_i treten. Die Elemente X_i bilden ihrerseits ein Irreversibilitätsprofil, das graphisch als Balkendiagramm dargestellt werden kann. In Abschn. 6.3 werden entsprechende Modellrechnungen durchgeführt.

6.1.1 Leistungsbezogener Gütegrad

Die in Abschn. 5.1 eingeführten Gütegrade g_{E1} und g_{E2} von Kreisprozessen sind effizienzbezogene Größen. Es ist naheliegend, auch einen leistungsbezogenen Gütegrad g_L zu definieren:

Arbeitsprozess: $\quad g_L = P/P_V \quad$ (6.6a)
Kälte- und WP-Prozess: $\quad g_L = P_V/P \quad$ (6.6b)

mit P_V als (positive) Leistung des Vergleichsprozesses und P als (positive) Leistung des betrachteten realen Prozesses.

Zwischen den Gütegraden g_{E1} nach Gl. 5.4 und g_L besteht ein Zusammenhang.

Für den **Arbeitsprozess** gilt:

$$\sum X_i = (P_V - P)/P_V = 1 - P/P_V; \quad g_L = 1 - \sum X_i . \quad (6.7)$$

Über die Definition der thermischen Wirkungsgrade $\eta_{th} = P/\dot{Q}_{zu}$ für den realen Prozess und $\eta_{th,V} = P_V/\dot{Q}_{zu,V}$ für den idealen Vergleichsprozess findet man mit $g_{E1} = \eta_{th}/\eta_{th,V}$ und $\alpha_Q = \dot{Q}_{zu,V}/\dot{Q}_{zu}$:

$$g_{E1} = \dot{Q}_{zu,V}/\dot{Q}_{zu} \cdot g_L = \alpha_Q \cdot g_L . \quad (6.8)$$

Für die linksdrehenden Prozesse findet sich für die Gütegrade g_{E1} und g_L ein entsprechender Zusammenhang.

Für den **Kälteprozess** gilt: $\quad \varepsilon_{KM} = \dot{Q}_{zu}/P; \quad \varepsilon_{KM,V} = \dot{Q}_{zu,V}/P_V; \quad g_{E1} = \varepsilon_{KM}/\varepsilon_{KM,V} .$
Nach Gl. (6.6b) findet sich der leistungsbezogene Gütegrad g_L wie folgt:

$$g_L = P_V/(P_V + Y) = 1/(1 + \sum X_i) . \quad (6.9)$$

Mit $\alpha_{Q,KM} = \dot{Q}_{zu,V}/\dot{Q}_{zu}$ wird

$$g_{E1} = 1/\alpha_{Q,KM} \cdot g_L . \quad (6.10a)$$

Die Entropiemethode zur Leistungsanalyse

Für den **Wärmepumpenprozess** ergibt sich ein zu Gl. (6.10a) identischen Zusammenhang, wobei das Wärmestromverhältnis mit den Zielenergieströmen zu bilden ist: $\alpha_{Q,WP} = \dot{Q}_{ab,V} / \dot{Q}_{ab}$.

$$g_{EI} = \varepsilon_{WP} / \varepsilon_{WP,V} = 1/\alpha_{Q,WP} \cdot g_L. \qquad (6.10b)$$

Die Gleichungen (6.8) und (6.10) liefern einen interessanten Zusammenhang. Das Verhältnis des effizienzbezogenen und des leistungsbezogenen Gütegrad g_{EI}/g_L ist proportional dem Wärmestromverhältnis α_Q. Am Beispiel der Arbeitsprozesse lässt sich leicht zeigen, dass α_Q sowohl größer als auch kleiner 1 werden kann. Möglicherweise lässt sich über diese Größe eine spezielle Systematik der Kreisprozesse entwickeln, was noch zu untersuchen wäre.

In Abschn. 6.2 wird beispielhaft für den GT-Prozess nach Abb. 5.7 der leistungsbezogene Gütegrad g_L zahlenmäßig ausgewertet, siehe Abb. 6.9.

6.1.2 Zur Ermittlung der Wirktemperatur

Die Wirktemperatur $\widetilde{T}_m$ ist nach Gl. (6.4) aus den thermodynamischen Daten des Prozesses errechenbar. Nachfolgend soll eine vereinfachte Vorgehensweise zur Ermittlung von $\widetilde{T}_m$ aufgezeigt werden.

Betrachtet wird vorerst die adiabate Turbinenexpansion mit *vorgeschaltetem* Drosselprozess nach Abb. 6.3.
Der Zustandsverlauf von 1 über 2 nach 3 beschreibt den Temperaturgang T des expandierenden Mediums. Der Temperaturgang $\widetilde{T}$ ist durch die Isobare des Gegendrucks p_{min} gegeben. Mit vernachlässigbar kleinem Fehler kann dann die Wirktemperatur für den Drosselprozess durch arithmetische Mittlung gefunden werden: $\widetilde{T}_{m,12} = (T_{1s} + T_{2s})/2$, siehe Abb. 6.3. Für den nachfolgenden Turbinenprozess ist entsprechend vorzugehen: $\widetilde{T}_{m,23} = (T_{2s} + T_3)/2$.

Ist nach Abb. 6.4 die Drossel der Turbine *nachgeschaltet*, so sind die der Turbine und der Drossel zugeordneten Wirktemperaturen in gleicher Weise durch arithmetische Mittlung zu finden, siehe auch die Angaben in Abb. 6.4.

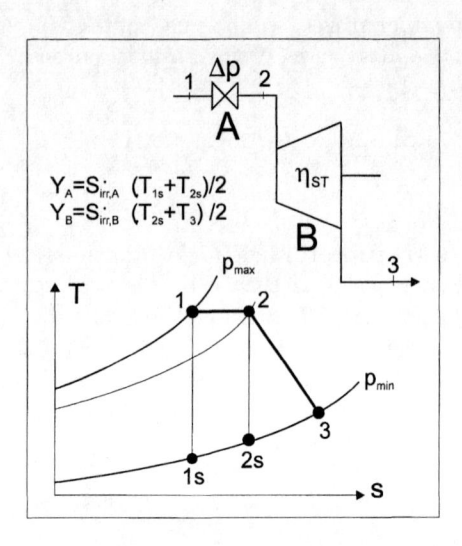

Abb. 6.3 Expansion mit vorgelagertem Druckverlust

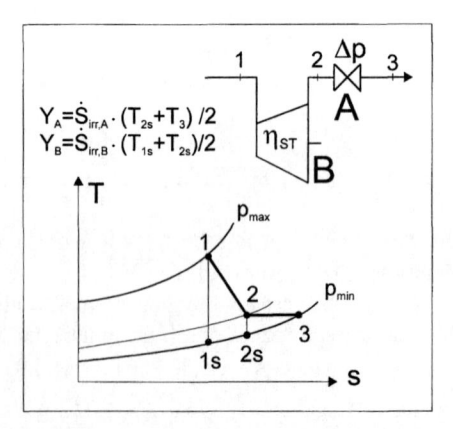

Abb. 6.4 Expansion mit nachgelagertem Druckverlust

Beim Druckaufbau in einer Kompressionsmaschine mit *vorgeschalteter* Drossel nach Abb. 6.5 ist der Temperaturgang der Wirktemperatur $\widetilde{T}$ durch die Isobare des Enddrucks p_{max} gegeben.

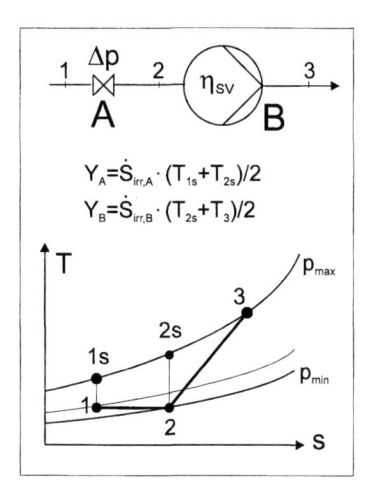

Die Entropiemethode zur Leistungsanalyse 127

```
   1  Δp   2        3
   ──⋈──────(η_sv)──→
        A        B

   Y_A = Ṡ_{irr,A} · (T_{1s}+T_{2s})/2
   Y_B = Ṡ_{irr,B} · (T_{2s}+T_3)/2
```

Abb. 6.5 Kompression mit vorgelagertem Druckverlust

Die Ermittlung der den Teilprozessen zugeordneten Wirktemperaturen $\widetilde{T}$ erfolgt in der gleichen Weise und ist in Abb. 6.5 angegeben.

Die nicht aufgeführte Kombination „Verdichter mit *nachgelagerter* Drossel" ist bereit durch die Kombination „Turbine mit vorgelagertere Drossel" nach Abb. 6.3 erfasst.

Im Regelfall werden die auftretenden Druckverluste im Prozess, hier modellhaft erfasst über Drosseln, nicht unmittelbar vor oder nach der Expansions- bzw. Kompressionsmaschine gelagert sein. Dann ist zur Ermittlung der korrekten Wirktemperatur eine gedankliche Verlagerung (Dislokation) des Druckverlustes gemäß Fall B nach Abb. 6.6 erforderlich. Der Druckverlust muss der „betroffenen" Maschinen unmittelbar zugeordnet werden; die Maschine hat dann bei Vorgabe des maximalen bzw. minimalen Prozessdrucks entsprechend mehr oder weniger Druck auf- bzw. abzubauen.

Die thermodynamische Gleichwertigkeit der Fälle A und B nach Abb. 6.6 ist dann gegeben, wenn die spez. Enthalpie h des Stoffstroms nicht druckabhängig ist. Ist dies nicht der Fall, so werden die sich ändernden Temperaturverhältnisse für die auftretende Wärme q_{ab} (gemäß Beispiel in Abb. 6.6) im Regelfall gering sein und daher die Prozessmodellierung zum Zwecke der Leistungsanalyse nicht merklich verfälschen.

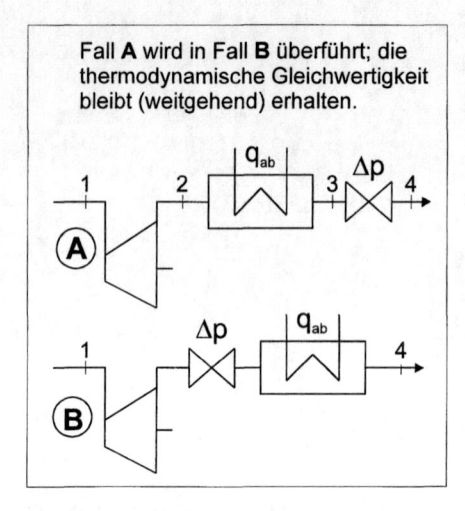

Abb. 6.6 Zur Dislokation des Druckverlustes Δp

Die hier vorgestellte arithmetische Mittlung zu Berechnung der Wirktemperatur $\widetilde{T}_m$ beinhaltet, wie bereits erwähnt, im Vergleich zur exakten Erfassung nach Gl. (6.4) einen vernachlässigbaren Fehler. Am Beispiel einer Expansionsmaschine nach Abb. 6.7 (kleines Bild) bei Variation des Maschinenwirkungsgrades η_{ST} kann dies rechnerisch überprüft werden, siehe Abb. 6.7. Die vereinfachte Berechnung von $\widetilde{T}_m$ wird bei den in Abschn. 6.2 behandelten Rechenbeispielen durchgängig praktiziert.

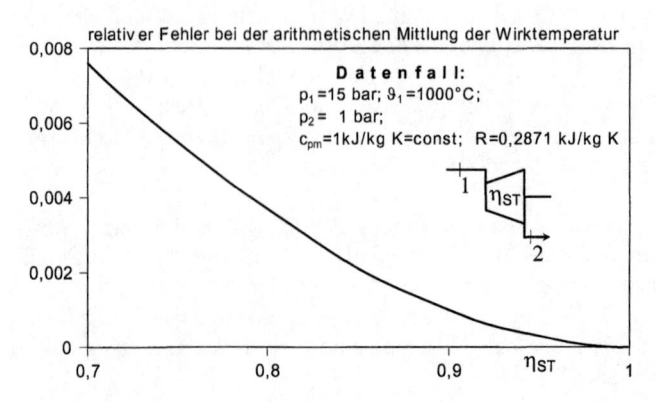

Abb. 6.7 Relative Fehler bei der vereinfachten Ermittlung von $\widetilde{T}_m$

6.1.3 Zur Festlegung des idealen Vergleichsprozesses

Die Nettoleistung des betrachteten realen Prozesses P abzüglich der Summe der Einzelanteile der Leistungseinbuße $\sum Y_i$ liefert nach Gl. (6.1) die Nettoleistung des idealen Vergleichsprozesses P_V. Der reale Prozess definiert somit über die Y_i den idealen Vergleichsprozess indirekt. Dies ist nicht verwunderlich, da die Einzelanteile der Leistungseinbuße nach Gl. (6.3b)

$$Y_i = \dot{m}_i \cdot \tilde{T}_{m,i} \cdot s_{irr,i}$$

unmittelbar mit der Entropieerzeugung verknüpft sind und daher bei reversiblem, d. h. bei idealem Prozessverlauf verschwinden müssen. Der ideale Vergleichsprozess wäre damit in seiner reinsten Form vollständig innerlich reversibel. In voller Strenge muss diese Forderung jedoch an den idealen Vergleichsprozess bei einer leistungsbezogenen Betrachtungsweise nicht gestellt werden. Es muss nur Gl. (6.1) erfüllt sein; für den Arbeitsprozess als Beispiel muss dann also gelten:

$$P_V = P + \sum Y_i.$$

Es stellt sich nun die Frage, wie der Vergleichsprozess mit der Leistung P_V in einzelnen strukturiert und parametrisiert sein muss. Folgende Regeln gelten:

1. Die Schaltung von Real- und Vergleichsprozess sind strukturell identisch. Der Vergleichsprozess vermeidet jedoch alle inneren Irreversibilitäten, die mit dem Druckauf- und Druckabbau verbunden sind. Konkret bedeutet dies:

Maschinenwirkungsgrade 1;
Druckverluste 0.

Hiervon kann im Detail im Sinne einer Absprache abgewichen werden. Beispielsweise können die Kältedrosseln des Kälteprozesses auch im Vergleichsprozess beibehalten werden.

2. Der höchste wie auch der niedrigste Druck des Arbeits- oder Kältemittel im Realprozess werden vom Vergleichsprozess identisch übernommen. Bei verzweigten Stoffströmen im System mit mehreren verschalteten Kompressions- und Expansionsmaschinen ergeben sich ggf. verschiedene Druckniveaus, die dann vom Vergleichsprozess in gleicher Weise übernommen werden müssen.

3. Die höchste Enthalpie des Arbeits- oder Kätemittel im Realprozess ist auch die höchste im Vergleichsprozess. Gleiches gilt auch für die niedrigste Enthalpie. (Kann das Stoffmodell des idealen Gases herangezogen werden, so

müssen die höchste und die niedrigste Temperatur im Real- und Vergleichsprozess identisch sein.) Bei verzweigten Stoffströmen mit mehr als einer Wärmezu- oder -abfuhr ist analog zu Pkt. 2 zu verfahren.

4. Die Stoffströme des Realprozesses sind in allen Teilsystemen identisch denen des Vergleichsprozesses. (Sollte diese Bedingung etwa aus Gleichgewichtsgründen in Teilsystemen nicht erfüllbar sein, so sind pragmatische Anpassungen erforderlich, auf die noch in Abschn. 6.2 (Beispielrechnungen) eingegangen wird.)

Der Vergleichsprozess kann unter Beachtung der aufgeführten Regeln thermodynamisch für sich berechnet werden und damit auch die Nettoleistung P_V^*. Diese sollte sich identisch zu $P_V = P + \sum Y_i$ ergeben. Dies wird in der Tat erfüllt, wie die Beispielrechnungen in Abschn. 6.2 zeigen. Der verbleibende Restfehler für die relative Abweichung liegt typischerweise unterhalb eines zehntel Prozentpunktes! Dieser vernachlässigbare Fehler hat seine wesentliche Ursache in der vereinfachten Berechnung der Wirktemperaturen $\tilde{T}_m$, worauf in Abschn. 6.1.2 bereits eingegangen wurde.

6.2 Anwendung der Leistungsanalyse auf Kreisprozesse

Es werden die in Abschn. 5.2 unter dem Effizienzaspekt analysierten vier Kreisprozesse (GT-Prozess, Dampfkraftprozess, Kälteprozess mit zweistufiger Verdichtung und einstufiger WP-Prozess) erneut aufgegriffen und einer Leistungsanalyse unterzogen. Diese läuft darauf hinaus, die leistungsbezogenen Irreversibilitätselemente X_i nach Gl. (6.2) zu berechnen. Diese bilden ein eigenes Irreversibilitätsprofil, das die Leistungseinbuße auf die Prozesse in den Teilsystemen aufteilt. Dieses leistungsbezogene Irreversibilitätsprofil steht gleichberechtigt neben dem effizienzbezogenen Irreversibilitätsprofil, gebildet durch die Elemente B_i, und liefert in der Gesamtschau einen umfassenden Einblick in alle thermodynamischen Aspekte des irreversiblen Prozessgeschehens. Zur Auswahl der behandelten Prozesse und zur Vorgabe der Prozessrandbedingungen gilt weiterhin das in Abschn. 5.2 Gesagte.

Die Entropiemethode zur Leistungsanalyse

6.2.1 Anwendung „Gasturbinenprozess"

Die Schaltung ist in Abb. 5.7 mit 11 ausgewiesenen Irreversibilitätsquellen dargestellt, die entsprechend 11 Irreversibilitätselemente B_i liefern, Abb. 5.8. Zwei Irreversibilitätsquellen 2. Art, die Mischung der Stoffströme und der prozessinterne Wärmetausch, sind nicht mit dem Druckauf- und dem Druckabbau im Prozess verbunden, so dass die zugehörigen leistungsbezogenen Irreversibilitätselemente X_4 und X_5 keinen Beitrag zur Leistungseinbuße liefern: $X_4=X_5=0$. Das diesbezügliche Irreversibilitätsprofil zeigt Abb. 6.8.

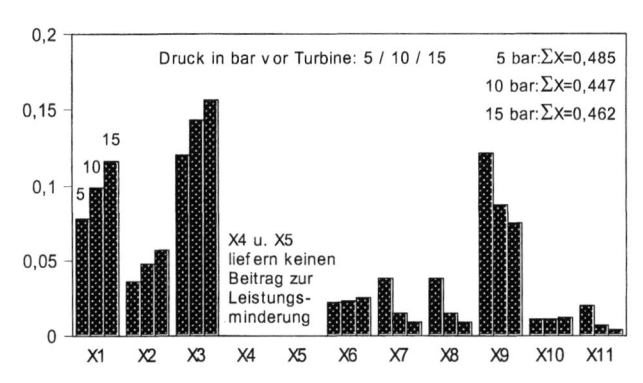

Abb. 6.8 Leistungsbezogenen Irreversibilitätsprofil für den GT-Prozess

Am Beispiel des Elementes X_9 (infolge des modellhaft nachgelagerten und sehr hoch angesetzten Druckverlustes auf der Heizseite des prozessinternen Wärmeaustauschers, siehe auch Abb. 5.7) erkennt man in der Gesamtschau aller X_i-Elemente dessen besonders schädliche Wirkung. Ein so hoher Druckverlust wäre allein aus leistungsbezogener Sicht inakzeptabel. Bei der Steigerung des Druckes am Turbineneintritt von 5 auf 10 auf 15 bar vergrößern sich erwartungsgemäß die den Maschinen zugeordneten Elemente X_1, X_2 und X_3, während sich die den Drosseln zugeordneten Elemente X_6 bis X_{11}, je nach ihrer Lage im System, gegenläufig verhalten.

In Abb. 6.9 wird der leistungsbezogene Gütegrad $g_L=P/P_V$ nach Gl. (6.7) bei Variation des Turbineneintrittsdrucks dargestellt. Der Gütegrad g_L zeigt in etwa die gleiche Tendenz wie der effizienzbezogene Gütegrad g_{E1}, der bereits in Abb. 5.9 gezeigt wurde. Der Zusammenhang zwischen g_L und g_{E1} ist nach Gl. (6.8) über das Wärmestromverhältnis $\alpha_Q = \dot{Q}_V / \dot{Q}$ gegeben, das in Abb. 6.9 mit dargestellt ist.

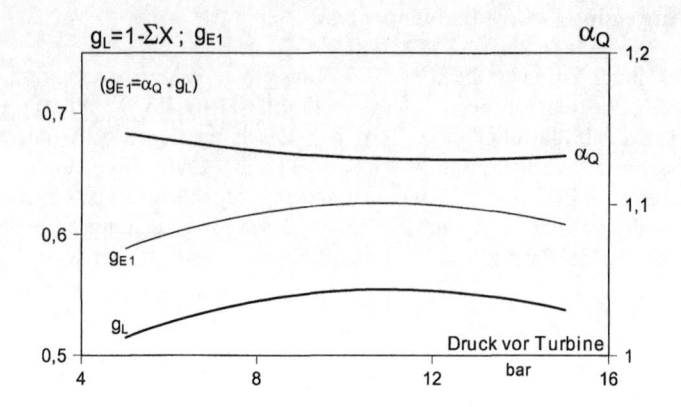

Abb. 6.9 Der Leistungsbezogene Gütegrad des GT-Prozesses

6.2.2 Anwendung „Dampfkraftprozess"

Die Schaltung des Prozesses ist in Abb. 5.10 bereits angegeben. Elf Irreversibilitätsquellen sind im System wirksam; die zugehörigen effizienzbezogenen B_i-Elemente sind in Abb. 5.11 aufgeführt.

Die Irreversibilitätsquellen 10 und 11, siehe Abb. 5.10, gehören der 2. Art an, d. h. sie liefern kein leistungsbezogenes X_i-Element. In Abb. 6.10 ist das durch die X_i-Elemente gebildete Irreversibilitätsprofil bei Variation des Speisewasserbehälterdrucks angegeben.

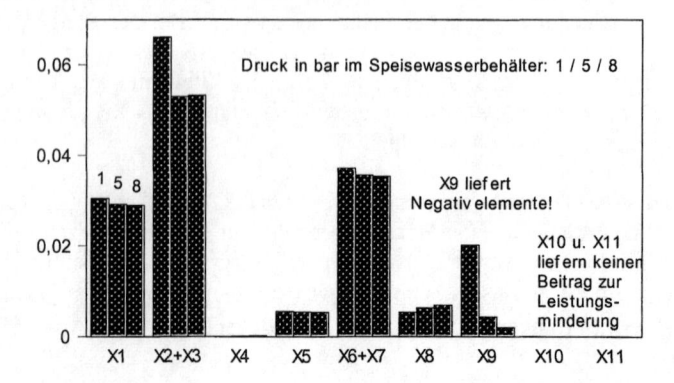

Abb. 6.10 Leistungsbezogenes Irreversibilitätsprofil für den Dampfkraftprozess

Die Entropiemethode zur Leistungsanalyse 133

Es ergibt sich hier bei der Ermittlung der X_i-Elemente folgende grundsätzliche Schwierigkeit, die im zuvor behandelten GT-Prozess aufgrund des verwendeten Stoffmodells (ideales Gas) nicht aufgetreten konnte. Die Regel Nr. 4 nach Abschn. 6.1.3 zur Festlegung des Vergleichsprozesses (identische Stoffströme im Real- und Vergleichsprozess) kann nicht durchweg problemgerecht erfüllt werden. Die Regel würde beispielhaft erzwingen, dass das aus dem Speisewasser austretende Wasser beim Vergleichsprozess nicht „Sattwasser" sondern flüssiges Wasser mit $h < h'$ sein müsste, was aber der geforderten Gleichgewichtsbedingung am Speisewasserbehälter (Mischungsergebnis: Sattwasser) widerspräche. Hier muss man sich wie folgt helfen: Der Vergleichsprozess, der die Regel Nr. 4 streng erfüllen würde, hätte eine Nettoleistung von $P_{V,A}$ zur Folge. Der Vergleichsprozess, der die thermodynamischen Gleichgewichtsbedingungen an allen Stellen des Systems erfüllt, und damit die Regel Nr. 4 nicht durchweg einhält, liefert die Nettoleistung $P_{V,B}$. Die Differenz $(P_{V,A}-P_{V,B})$ ist dann den betroffenen Y_i und damit auch den Irreversibilitätselementen $X_i=Y_i/P_{V,B}$ zuzuschlagen. Die Zuordnung erfolgt sinnvoller Weise proportional zu den geänderten Massenströmen; sie ist dann eindeutig möglich. Bei der Berechnung der X_i-Elemente in Abb. 6.10 ist entsprechend verfahren worden.

Es fällt in Abb. 6.10 auf, dass das Element X_9 negativ wird, was im Widerspruch zu Gl. (6.3b) steht, wonach es nur positive X_i-Elemente geben kann. Diese Besonderheit kommt wie folgt zustande: Auch im Vergleichsprozess wird im Sinne einer Absprache die Drossel am Speisewasserbehälter belassen und nicht (gedanklich) durch eine ideale Expansionsmaschine ersetzt. Damit liefert sowohl der Vergleichsprozess wie auch der Realprozess jeweils ein Element X_9. Da sich im Vergleichsprozess der Massenstrom über die Drossel im Vergleich zu Realprozess aus Gleichgewichtsgründen höher einstellt, wird X_9 für den Realprozess als relativer Leistungsverlust negativ. Die Irreversibilität des Gesamtprozesses führt hier zu einer jedoch nur partiellen Verringerung des Leistungsverlustes.

6.2.3 Anwendung „Kälteprozess"

Die Schaltung des Kälteprozesses mit zweistufiger Verdichtung ist bereits in Abb. 5.13 angegeben; die fünf zugeordneten effizienzbezogenen Irreversibilitätselemente B_i sind in Abb. 5.14 aufgeführt.

Für die Leistungsanalyse wird folgende Vorgabe gemacht: Die Kältedrosseln werden auch für den Vergleichsprozess im Sinne einer realitätsnahen Betrachtung beibehalten. Die Irreversibilität im Mischbehälter ist von 2. Art und liefert somit kein X_i-Element. Der Teilprozess in der Niederdruck-Kältedrossel ist aufgrund der Vorgabe im Real- und Vergleichsprozess identisch, so dass hier keine Leistungseinbuße (oder Leistungsmehraufwand) auftritt, also $X_4=0$ wird. Das der Hochdruck-Kältedrossel zugeordnete Element X_3 liefert nur marginale Werte, da auch hier die Verhältnisse zwischen Real- und Vergleichsprozess bis auf leicht veränderte Massenströme identisch sind. (Auf die formale Problematik unterschiedlicher Massenströme im Real- und Vergleichsprozess ist bereits in Abschn. 6.2.2 näher eingegangen.) In Abb. 6.11 ist das Ergebnis der Leistungsanalyse dargestellt.

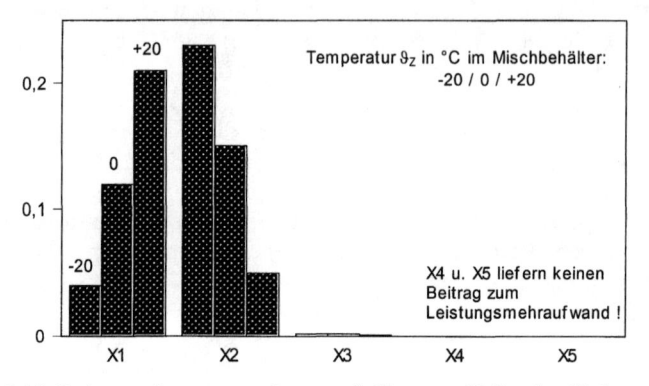

Abb. 6.11 Leistungsbezogenes Irreversibilitätsprofil für den Kälteprozess

Dominierend sind die den Verdichtern zugeordneten Irreversibilitätselemente X_1 und X_2. Im Detail werden Unterschiede zwischen der effizienz- und leistungsbezogenen Prozessanalyse erkennbar, siehe Abb. 5.14 und 6.11. Die B_i-Elemente für den HD- und ND-Kompressor sind bei gleichem Maschinenwirkungsgrad aber unterschiedlichen Massenströmen, siehe auch Abb. 5.15, in etwa gleich, während sich die entsprechenden X_i-Elementen in ihrer Größe erkennbar unterscheiden.

Aus Abb. 6.11 in Zusammenschau mit Abb. 5.14 wird deutlich, dass die Lage des Trenndrucks zwischen Nieder- und Hochdruckverdichter (festgemacht an der Siedetemperatur im Mischbehälter) zu keinem scharfen thermodynamischen Prozessoptimum führt und insoweit hier Freiheiten in der Auslegung des Systems bestehen.

Die Entropiemethode zur Leistungsanalyse 135

6.2.4 Anwendung „Wärmepumpen-Prozess"

Die Schaltung des WP-Prozesses und die Prozessdaten sind in Abb. 5.16 bereits angegeben. Der hier behandelte Grundtyp weist zwei innere Irreversibilitätsquellen (Kompressor und Kältedrossel) auf; die B_i-Elemente sind bei Variation des isentropen Kompressorwirkungsgrades η_{SV} in Abb. 5.17 angegeben.

Für die Leistungsanalyse soll die Kältedrossel im idealen Vergleichsprozess in Abweichung zu der zuvor beim Kälteprozess gewählten Vorgehensweise durch eine reversible Expansionsmaschine ersetzt werden, so dass ein entsprechendes X_i-Element wirksam werden muss. In Abb. 6.12 ist das Berechnungsergebnis angegeben.

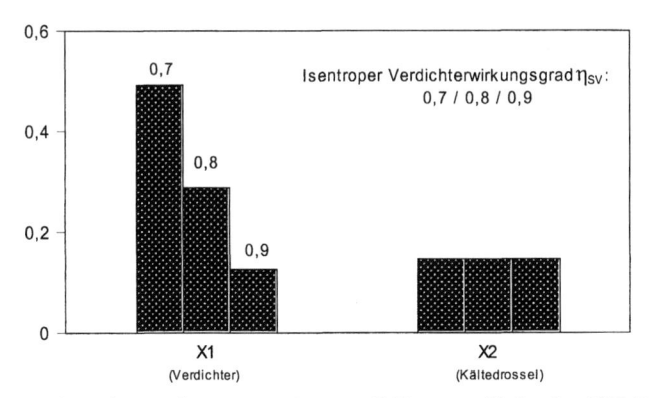

Abb. 6.12 Leistungsbezogenes Irreversibilitätsprofil für den WP-Prozess

Aus Abb. 6.12 wird die Bedeutung des Kompressorwirkungsgrades η_{SV} aus leistungsbezogener Sicht deutlich. Der X_1-Wert nimmt Werte zwischen 13 und 49 % an! Der X_2-Wert der Kältedrossel bleibt unverändert. Er ist prozessbedingt unvermeidlich.

6.3 Zusammenfassung

Die Entropiemethode als Leistungsanalyse steht gleichberechtigt neben der Effizienzanalyse nach Abschn. 5. Die im System wirksamen Entropiequellen infolge irreversibler Teilprozesse haben, sofern sie mit dem Druckauf- und

Druckabbau verbunden sind, eine anteilige Einbuße der Nettoleistung $Y_i = \Delta P_i$ zur Folge, die proportional zur Entropieerzeugung im betrachteten Teilsystem ist:

$$y_i = Y_i / \dot{m} = \tilde{T}_{m,i} \cdot s_{irr,i}.$$

Die Temperatur $\tilde{T}_{m,i}$ wird als „Wirktemperatur" bezeichnet und ergibt sich eindeutig aus den thermodynamischen Daten des realen Prozesses. Die Beziehung für y_i grenzt sich erkennbar von der Beziehung für den Exergieverlust nach Gl. (4.7) ab:

$$e_{ex,verl,i} = T_U \cdot s_{irr,i}.$$

Der y_i-Wert entspricht dem real auftretenden Einzelverlust, während der Exergieverlustwert $e_{ex,verl,i}$ einen am konkreten Prozess nicht festmachbaren, d. h. einen fiktiven Einzelverlust darstellt. Über die Summe der Y_i-Werte wird indirekt der ideale Vergleichsprozess definiert.

Die aus den Einzelanteilen der Leistungseinbuße gebildeten leistungsbezogenen Irreversibilitätselemente $X_i = Y_i / P_V$ (mit P_V als Leistung des idealen Vergleichsprozesses) liefern ein eigenständiges im Balkendiagramm visualisierbares Irreversibilitätsprofil. In der Zusammenschau mit dem Profil der effizienzbezogenen Irreversibilitätselementen B_i wird ein umfassender thermodynamischer Einblick in das Prozessgeschehen möglich.

Thermodynamisches Intermezzo Nr. 8

J. W. Goethe (1749 - 1832)   Aus den Heften "Zur Naturwissenschaft"

... Theorien sind gewöhnlich Übereilungen eines ungeduldigen Verstandes, der die Phänomene gern los sein möchte und an ihrer Stelle deswegen Bilder, Begriffe, ja oft nur Worte einschiebt. Man ahnet, man sieht auch wohl, daß es nur ein Behelf ist; liebt sich nicht aber Leidenschaft und Parteigeist jederzeit Behelfe? Und mit Recht, da sie ihrer so sehr bedürfen.

7 Thermodynamische Prozessoptimierung

Die Prozessoptimierung setzt eine Zielgebung voraus. Diese kann über eine oder mehrer Zielfunktionen definiert werden, deren Wert oder Werte dann im Zuge der Optimierung minimiert oder maximiert werden sollen. Regelmäßig werden Rand- und Nebenbedingungen das Optimierungsfeld einengen.

Im Falle mehrerer Zielfunktionen wird sich kein eindeutiges Optimum finden lassen, es sei denn, man gibt eine Gewichtung vor. Diese Gewichtung wird jedoch immer willkürlich sein und auf Dauer kaum Bestand haben. Ein Kraftwerk kann nicht zugleich hinsichtlich der Effizienz, der Wirtschaftlichkeit, der Betriebsweise, der Ökologie, der Maintenance, der Standortrandbedingungen und der öffentlichen Akzeptanz optimal sein. Die Verwirklichung eines konkreten Projektes wird durch diesen Umstand jedoch nur scheinbar behindert. Der notwendig herrschende Sachzwang und die dadurch ausgelöste Dynamik der Lösungsfindung wird Kompromisse befördern und zu einem spezifischen Optimum führen.

Die Basis jeder Prozessoptimierung liefert die Thermodynamik. Über die thermodynamische Prozessoptimierung, die primär die Effizienz der Energiewandlung im Blick hat, werden die objektiven Möglichkeiten und Grenzen der Technik abgesteckt. Das unter diesem Aspekt auffindbare Optimum sollte für jedes Projekt bekannt sein, nicht zuletzt um die „thermodynamische Nachhaltigkeit" einer zu treffenden Investitionsentscheidung hinterfragen zu können.

7.1 Eingrenzung des Optimierungsproblems

Es wird ein System betrachtet, in dem ein Arbeitsprozess ablaufen möge. Die zu maximierende Zielfunktion sei die Prozesseffizienz; es wird somit ein maximaler Wirkungsgrad angestrebt. (Bei linksdrehenden Prozessen wäre das Ziel eine maximale Leistungszahl.)

Die bereits in Kap. 5 und 6 behandelte Testschaltung für den GT-Prozess, siehe Abb. 7.1, wird wiederum als Beispiel herangezogen. Wird die Systemstruktur (wärmetechnische Schaltung) als gegeben vorausgesetzt, so kann die Prozesseffizienz nur über die *Parameteroptimierung* maximiert werden.

Es müssen Vorgabewerte (Rand- und Nebenbedingungen) festgelegt werden, etwa der Umgebungszustand, die Brennkammeraustrittstemperaturen, das

Massenstromverhältnis $\dot{m}_A/\dot{m}_B$ und die Qualitätsgrößen (Maschinenwirkungsgrade, Druckverluste, Grädigkeiten etc.). Als freie Variable (Entscheidungsgröße) bleibt dann im betrachteten Fall der Turbineneintrittsdruck, der zu optimieren ist. Für den hier vorliegenden Fall mit nur einer Entscheidungsgröße ist ausgehend von einem sinnvollen Startwert die Findung des Optimums sehr einfach. Dies kann etwa über eine Schachteliteration erfolgen. Auch bei zwei bis maximal drei freien Variablen kann durch systematisches Abtasten des Lösungsraumes das Optimum gefunden werden, ohne dass die Anwendung von aufwendigen numerischen Optimierungsmethoden erforderlich würde. Sind mehr als drei freie Variable zu betrachten, so kann beispielsweise ein stochastisch sequenzielles Verfahren (Evolutionsverfahren) eingesetzt werden, dass sich durch systematische Variation der freien Parameter über viele Rechenläufe dem Optimum annähert. Derartige Verfahren gelten als sehr robust.

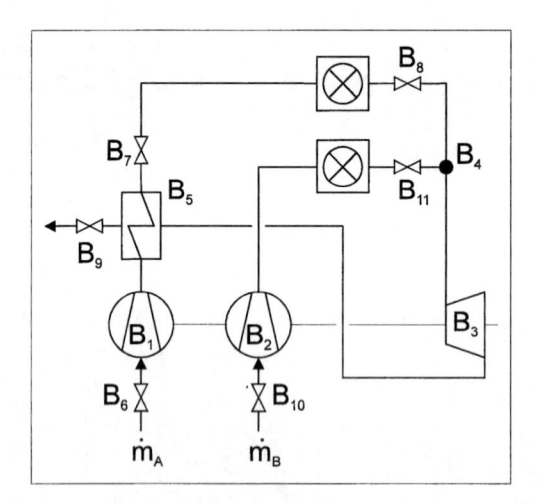

Abb. 7.1 Testschaltung zur Parameteroptimierung

Nach erfolgter Parameteroptimierung liegt ein vollständiger Satz aller Zustandsgrößen, auch der abhängigen Größen im System vor. Die effizienz- und leistungsbezogenen Irreversibilitätselemente B_i nach Gl. (5.1) u. X_i nach Gl. (6.2) sind dann für den optimierten Fall berechenbar gemäß den Ausführungen in Kap. 5 u. 6. In Abb. 7.2 werden diese Daten nochmals graphisch dargestellt. Man erkennt, dass auch nach der Parameteroptimierung noch eine hohe Irreversibilität verbleibt.

Thermodynamische Prozessoptimierung

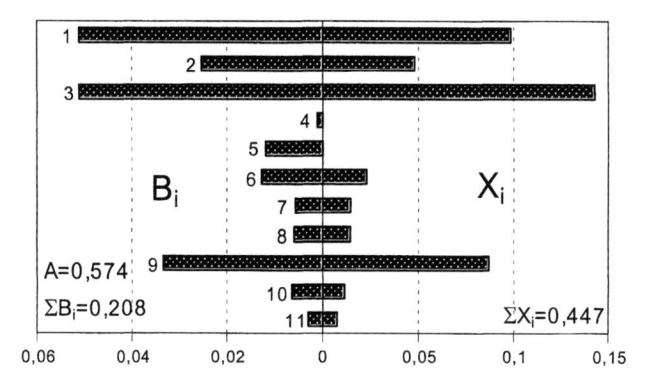

Abb. 7.2 Irreversibilitätsprofile nach erfolgter Parameteroptimierung

Ist das Ziel einer Prozessoptimierung die Effizienzsteigerung, so ist die Entwicklung der X_i-Elemente im Rahmen der Optimierung nur von sekundärer Bedeutung; sie sollte jedoch, da sie grundsätzlich kostenrelevant ist, nicht außer Acht bleiben.

Die Parameteroptimierung ist dann abgeschlossen, wenn für eine gegebene Schaltung der Wirkungsgrad, nachfolgend festgemacht am thermischen Wirkungsgrad, maximal wird:

$$\eta_{th} = A - \sum B_i = \eta_{th,max}.$$

Es stellt sich nun die Frage, inwieweit die Änderung der B_i-Elemente im Rahmen der Optimierung rückwirkt auf den Carnotfaktor A. Wird etwa das Element B_2 nach Abb. 7.1 partiell durch Anhebung des Maschinenwirkungsgrades verkleinert, so sinkt die Temperatur vor der Brennkammer und damit die mittlere Temperatur der Wärmezufuhr in der zugehörigen Brennkammer. Der Carnotfaktor A wird also erniedrigt; es liegt ein A^--*Verhalten* vor. Anders liegen die Verhältnisse für das Element B_1. Hier verbessert eine Verkleinerung des Elementes durch Anhebung des Maschinenwirkungsgrades die Rekuperationsfähigkeit in nachgeschalteten Wärmetauscher mit der Folge, dass der Carnotfaktor A angehoben wird; es liegt ein A^+-*Verhalten* vor. Die Irreversibilitätselemente B_i können somit ein A^-- oder ein A^+-Verhalten zeigen. Die unmittelbare Wirkung eines B_i-Elementes auf den Wirkungsgrad ist somit durch die Differenz $(A-B_i)$ zu erfassen.

Für die Testschaltung nach Abb. 7.1 ist - ausgehend vom optimierten Datenfall - das diesbezügliche Verhalten der 11 angezeigten B_i-Elemente untersucht worden, siehe Tab. 7.1.

Irreversibilitäts-element	A^+	A^-
B_1	*	
B_2		*
B_3	*	
B_4		*
B_5	*	
B_6	*	
B_7	*	
B_8	*	
B_9	*	
B_{10}		*
B_{11}		*

Tab. 7.1 Verhalten der B_i-Elemente auf den Carnotfaktor A

Die in Tab. 7.1 dargestellte Abhängigkeit ist über die partielle Änderung jeweils eines B_i-Elementes ermittelt worden. Grundsätzlich wird die Änderung eines B_i-Elementes auch Rückwirkungen auf die anderen B_i-Elemente haben. Dieser Einfluss ist jedoch in der Regel stark abgeschwächt. Dies wird in Abb. 7.3 beispielhaft für die Elemente B_1 (Verdichter) und B_3 (Turbine) indirekt verdeutlicht. Die Tendenzen der Größen η_{th} und $(A-B_i)$ sind in Abhängigkeit des isentropen Maschinenwirkungsgrades η_S weitgehend synchron. Die maßgebliche Wirkung einer Irreversibilitätsquelle auf die Prozesseffizienz wird somit über die Differenz $(A-B_i)$ gut erfasst.

Eine Parameteroptimierung ist bei einer vorgegebenen Schaltung und bei entsprechenden Vorgaben über Rand- und Nebenbedingungen auf heuristischem Wege im Regelfall leicht möglich. Entsprechendes Expertenwissen wird bei Beobachtung der sich verändernden Irreversibilität und des sich verändernden Carnotfaktors den Weg zum Optimum beschleunigen. Aber auch auf rein formalem Wege ist eine Lösungsfindung möglich. Die Optimierung als Spezialgebiet der Mathematik kennt hierfür eine Vielzahl von geeigneten Methoden, die unterschiedliche Programmieraufwande erfordern. Die Parameteroptimierung gilt als ein gelöstes Problem.

Thermodynamische Prozessoptimierung 141

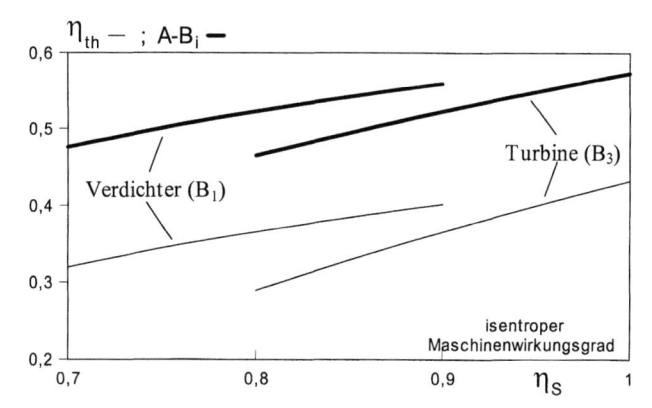

Abb. 7.3 Tendenzvergleich des thermischen Wirkungsgrades und der Differenz (A-B$_i$) am Beispiel

Der Schwerpunkt der hier angestellten Überlegungen liegt in der *Strukturoptimierung*, der Veränderung der Schaltung, worauf nachfolgend eingegangen wird.

7.2 Strukturoptimierung

Nach erfolgter Parameteroptimierung kann die Effizienz eines Prozesses, erfasst durch den thermischen Wirkungsgrad η_{th}, nur durch Änderung der Struktur (Schaltung) weiter gesteigert werden. Die Vorgehensweise bei der Strukturoptimierung ist zweigestuft:

Erste Stufe:

Verbesserung des *Carnotfaktors* A=1-T$_{m,ab}$/T$_{m,zu}$ nach Gl. (5.1) durch Steigerung des prozessinternen Wärme- oder Energieaustausches sowie sonstiger Maßnahmen.

Zweite Stufe:

Einwirkung auf die *Irreversibilitätsquellen der zweiten Art* (B$_i$>0, X$_i$=0; siehe Kap. 6) über die „Methode der partiellen Befragung".

Nach erfolgter Strukturoptimierung, sofern erfolgreich, wäre dann eine erneute Parameteroptimierung durchzuführen. Ggf. sind weitere Optimierungsdurchgänge erforderlich.

7.2.1 Zur Verbesserung des Carnotfaktors

In den Carnotfaktor A gehen die thermodynamisch gemittelten Temperaturen der Wärmezu- und –abfuhr ein. Treten mehrer Wärmezu- und –abfuhrströme im System auf, so sind die resultierenden Mitteltemperaturen durch Gewichtung gemäß Gl. (5.5) zu ermitteln.

Ein prozessinterner Wärmetausch im System wird den Carnotfaktor A positiv beeinflussen. Er wird immer die zuzuführende Wärme und die nach außen abzuführende Wärme verringern und so den Carnotfaktor anheben. Alle Stoffströme (Arbeitsmedien, Brennstoffe, Kühlmedien, Hilfsstoffe etc.) sind hinsichtlich ihres Temperaturgangs dahingehend zu überprüfen, ob ein systeminterner Wärmeübergang von einer wärmeabgebenden auf eine wärmeaufnehmende Seite möglich ist.

Im Schrifttum wird für diesen Optimierungsschritt auf die Wärmeintegrationsmethode von Linnhoff [16] hingewiesen, auch Pinch-Point-Methode genannt. Diese Methode wurde in Hinblick auf verfahrenstechnische Anlagen mit ausgedehnten Wärmetauschernetzen entwickelt und hat hier ihre Berechtigung. Liegt der Fokus jedoch auf Anlagentypen der Energieerzeugung, so ist diese Methode nur bedingt geeignet, wie nachfolgend gezeigt wird.

Die Wärmeintegrationsmethode erfasst alle wärmeaufnehmenden und wärmeabgebenden Stoffströme für abschnittsweise gleiche Temperaturgänge in einem „heißen" und einem „kalten" Summenenthalpiestrom. Im Temperatur-Enthalpiestromdiagramm, siehe hierzu auch Abb. 7.4, ist die optimale Wärmeintegration dann gefunden, wenn der „heiße" und der „kalte" Summenstrom sich im Pinchpoint (PP) berühren. Die Wärmeintegration wird somit über einen gedanklichen Rekuperator abgebildet, der im Sinne einer Grenzfallbetrachtung bei einer Grädigkeit von $G_{min}=0$ K betrieben wird. Auf diese Weise ist der größtmögliche prozessinterne Wärmetausch gefunden, dessen technische Realisierung bei Vorgabe von endlichen Grädigkeiten dann zu überprüfen ist.

In Abb. 7.4 (links) ist ein einfacher Fall einer Wärmeintegration dargestellt. Er entspricht jedoch nicht dem optimalen Fall gemäß der Wärmeintegrationsmethode. Dazu müsste der „heiße" Strom parallel zur $\dot{H}$-Achse nach rechts

Thermodynamische Prozessoptimierung 143

verschoben werden, bis der Anfangspunkt des „heißen" Stroms die Linie des „kalten" Stroms im Pinchpoint trifft, dargestellt in Abb. 7.4 (rechts). Man erkennt, dass dann der prozessinterne Wärmetausch ($\dot{Q}_{intern}$) maximal würde. Im links dargestellten Fall ist auf eine vollständige Rekuperation verzichtet, was nicht grundsätzlich von Nachteil seien muss. Da nun der prozessinterne Wärmetausch verringert ist, muss dem „heißen" Strom mehr äußere Wärme - ein Anteil vor ($\dot{Q}_{zu,1}$) und ein Anteil nach der Rekuperation ($\dot{Q}_{zu,2}$) - zugeführt werden, aber der im hohen Temperaturbereich zuzuführende Wärmestrom ($\dot{Q}_{zu,2}$) wird im Vergleich zum optimalen Fall gemäß der Wärmeintegrationsmethode verringert, siehe auch Abb. 7.4: $\dot{Q}_{zu,2} < \dot{Q}_{zu}$. Dies kann thermodynamisch sehr wohl eine sinnvolle Option sein, insbesondere wenn äußere Wärmen unterschiedlicher thermodynamischer Qualität zur Verfügung stehen.

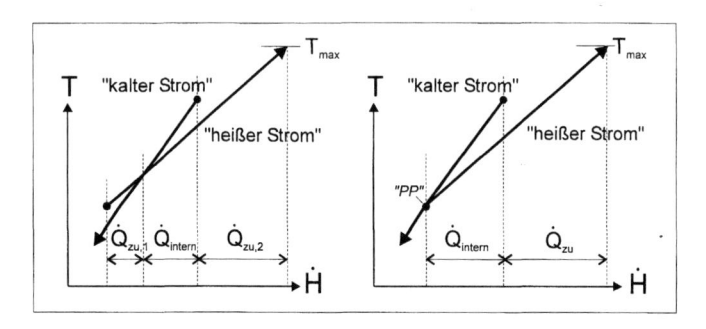

Abb. 7.4 Erstes Beispiel zur Wärmeintegrationsmethode

Dass die Wärmeintegrationsmethode nicht schematisch eingesetzt werden sollte, wird nachfolgend an einem Prozessbeispiel aufgezeigt. In Abb. 7.5 ist auf der linken Seite (Schaltung A) ein geschlossener GT-Prozess mit Rekuperator (R1) dargestellt. Des weiteren sind drei Wärmetauscher verschaltet: Zwischenkühler (K1), Endkühler (K2) und Gaserhitzer (H1). Im Rekuperator ist die treibende Temperaturdifferenz im Sinne einer Grenzbetrachtung gleich Null gesetzt. Druckverluste in den Wärmetauschern treten nicht auf; sie werden modellhaft in Drosseln verlagert. Damit treten in den Wärmetauschern (K1, K2, R1, H1) keine innere Irreversibilität und damit keine Irreversibilitätselemente B_i auf. Die Temperaturverhältnisse, berechnet unter Zugrundelegung des Stoffmodells des idealen Gases mit konstanter spezifischer Wärmekapazität, sind mit eingetragen. Man erkennt, dass aufgrund der herrschenden Temperaturverhältnisse Wärme von K1 auf den „heißen" Strom zwischen Endverdichteraustritt und Turbineneintritt übertragen werden könnte. Dies wird konsequent im Sinne der

Wärmeintegrationsmethode über die Bildung von Summenströmen in Abb. 7.5, rechte Seite, Schaltung B, umgesetzt, wobei eine technische Bewertung dieser Maßnahme (zusätzlicher Rekuperator R2 als Erweiterung des Rekuperators R1) außer Acht bleibt. Man könnte nun erwarten, dass der Prozess nach Schaltung B im Vergleich zu Schaltung A effizienter geworden ist, was nicht der Fall ist. Wie man über die in Abb. 7.5 eingetragen Temperaturen leicht nachvollziehen kann, ist die übertragene Zu- und Abwärme unverändert und damit auch der thermische Wirkungsgrad. Die Änderung der Schaltung von A auf B ist also nicht sinnvoll. Dennoch liegen thermodynamische Unterschiede vor. Die mittlere Temperatur der Wärmeabfuhr hat sich in Schaltung B verringert ($T_{m,ab,A}$=371,8 K; $T_{m,ab,B}$=350,7 K), der Carnotfaktor A ist also für Schaltung B verbessert worden. Gleichzeitig ist jedoch eine zusätzliche Irreversibilitätsquelle in Rekuperator R2 aufgrund der unterschiedlichen Wärmekapazitätsströme aufgetreten. Selbst für die in R2 unterstellte Grädigkeit von G_{min}=0 K verbleibt eine remanente Irreversibilität, quantifizierbar über das Irreversibilitätselement B_{R2}, die die Verbesserung des Carnotfaktors exakt kompensiert.

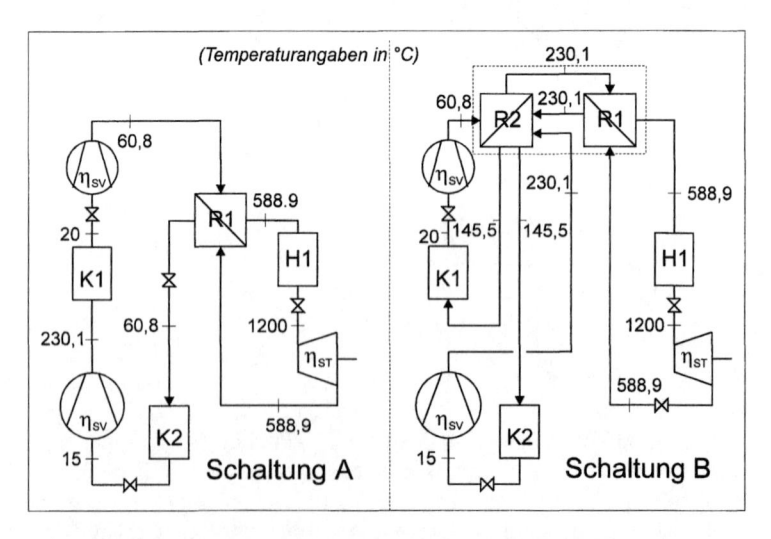

Abb. 7.5 Zweites Beispiel zur Wärmeintegrationsmethode

Die Wärmeintegrationsmethode erfüllt eine wichtige Aufgabe, indem sie die größtmögliche Wärmeintegration, d. h. das Maximum der prozessintern tauschbaren Wärme auf systematischem Wege aufzeigt. Es ist jedoch nur eine Betrachtung aus der Sicht des ersten Hauptsatzes; die Energieform Wärme wird nicht qualitativ bewertet. Problemnäher ist häufig eine heuristische

Thermodynamische Prozessoptimierung 145

Vorgehensweise, realistische Möglichkeiten der direkten Einwirkung auf die mittleren Temperaturen der Wärmezu- und -abfuhr durch prozessinternen Wärme- und Energieaustausch sowie durch sonstige Maßnahmen (z. B. gestufte äußere Wärmezu- und -abfuhr) zu untersuchen. Der Beginn der äußeren Wärmezufuhr sollte temperaturmäßig so hoch wie möglich, der Beginn der äußeren Wärmeabfuhr so niedrig wie möglich liegen. Alle im System auftretenden Stoffströme sind in die Untersuchung einzubeziehen. Die diesbezüglichen Möglichkeiten im System sind im Regelfall leicht zu erkennen. Des Weiteren ist bei diesem Schritt der Strukturoptimierung bereits zu prüfen, ob eine Maßnahme zur Verbesserung des Carnotfaktors A durch zusätzlich entstehende Irreversibilitätsquellen teil- oder überkompensiert wird.

7.2.2 Zur „Methode der partiellen Befragung"

Wie in Abschn. 6 dargestellt sind die Irreversibilitätsquellen 1. Art, die sich negativ auf die Effizienz <u>und</u> die Leistung auswirken, durch qualitative Verbesserung des Aggregates zu beeinflussen. Wird z. B. der Maschinenwirkungsgrad einer adiabaten Maschine verbessert, so verringert sich das zugehörige Irreversibilitätselement B_i und verschwände, wenn der Maschinenwirkungsgrad 1 würde. Die Wirksamkeit einer solchen Irreversibilitätsquelle liefert keinen Hinweis für eine Strukturänderung mit dem Ziele einer Effizienzoptimierung.

Den entscheidenden Ansatz für die zweite Stufe der Strukturoptimierung liefern die Irreversibilitätsquellen 2. Art, die ausschließlich die Effizienz beeinflussen. In der Testschaltung nach Abb. 7.1 sind dies der Mischprozess von Gasströmen mit unterschiedlicher Temperatur (dazugehöriges Irreversibilitätselement B_4) und der interne Wärmetausch (Element B_5). Das Element B_4 ist nur durch eine Schaltungsänderung beeinflussbar, ebenso das Element B_5, das aufgrund der auftretenden unterschiedlichen Wärmekapazitätsströme noch dann bestehen bliebe, wenn im Grenzfall die Grädigkeit im Wärmetauscher $G_{min}=0$ K würde.

Die Elemente B_i von Irreversibilitätsquellen 2. Art sind somit ein weiterer Ansatzpunkt, um die Struktur einer Schaltung kritisch zu hinterfragen. Die diesen Gegebenheiten entsprechende Vorgehensweise, die als „Methode der partiellen Befragung" bezeichnet wird, läuft auf folgende Prüfung hinaus:

$$\text{oder} \quad \begin{aligned} [\partial(A - B_i)/\partial x_j] &> 0? \\ [\partial(A - B_i)/\partial x_j] &< 0? \end{aligned} \quad (7.1)$$

In die Berechnung des Elementes B_i in Gl. (7.1) geht ein Satz von Größen x_j ein, die aus formaler Sicht freie oder abhängige Variablen des Prozesses sind. Ist der Ausdruck nach Gl. (7.1) größer Null, so würde eine Vergrößerung von x_j die Effizienz steigern; ist der Ausdruck kleiner Null, so wäre für eine Effizienzsteigerung x_j entsprechend zu senken. Hierbei kann erwartet werden, dass nur wenige (typisch ein bis drei) Variablen x_j die Größe des Elements B_i maßgeblich bestimmen. Da über die bereits vorlaufend erfolgte Parameteroptimierung kein Spielraum mehr für eine Parameteränderung besteht, muss, um eine Änderung von x_j im Hinblick auf einen Effizienzgewinn wirksam werden zu lassen, eine Strukturänderung ins Auge gefasst werden. Die Richtung einer Strukturänderung wird somit indirekt über die zielgerichtete Änderung der Variablen x_j gesteuert. Die jeweiligen Untersysteme (Aggregate), die eine Entropiequelle 2. Art beinhalten, werden losgelöst vom Gesamtsystem gemäß Gl. (7.1) analysiert, wobei jedoch der Carnotfaktor A als charakteristische Größe des Gesamtsystems mitbetrachtet wird. Dies ist nach Abschnitt 7.1 erforderlich, da ein B_i-Element je nach Lage im System ein A^+- oder A^--Verhalten zeigen kann.

Der Strukturoptimierungsschritt der „partiellen Befragung" nach Gl. (7.1) entspricht einem Gradientenverfahren mit spezifischer Zielsetzung. Die Methode ist in ihren Schlussfolgerungen heuristisch. Die Erfolgsaussichten sind vom Expertenwissen des tätigen Ingenieurs abhängig.

Eine Methode, die die Strukturänderung einer Schaltung über „Schalter" (binäre Variablen) steuert und die darauf aufbauende Strukturoptimierung mit Hilfe eines mathematischen Algorithmuses (z. B. gemischt-ganzzahlige Optimierung) erreichen will, wird der Komplexität wärmetechnischer Schaltungen in der Regel kaum gerecht werden können. Nur in Sonderfällen werden derartige Methoden erfolgreich sein.

7.3 Anwendung auf den GDT-Prozess

Es wird der Grundtyp eines GDT-Prozesses (<u>G</u>as/<u>D</u>ampf-<u>T</u>urbinen-Prozess nach [17], auch als Stigprozess bezeichnet) betrachtet, wie in Abb. 7.6 dargestellt. Im Abhitzekessel (AHK) wird überhitzter Dampf erzeugt, der nach Einmischung in den Gasstrom vor oder in der Brennkammer über die Gasturbine unter Arbeitsabgabe entspannt wird. Der offensichtliche Vorteil dieses Prozesses liegt darin, dass der Druckaufbau für den Stoffstrom $\dot{m}_D$ an der flüssigen Phase erfolgt. Von Nachteil ist die schaltungsbedingte Irreversibilität der Dampfeinmischung in den Gasstrom, was ein Irreversibilitätselement B_y zur

Thermodynamische Prozessoptimierung

Folge hat. Der zugeführte Dampfstrom kann in der Turbine zusammen mit dem Gasanteil nur minimal auf den Umgebungsdruck p_U expandieren; das thermodynamische Potential des Dampfes vor der Einmischung (mögliche Expansion des reinen Dampfstromes auf $p_{min}=p_{Kon}(T_U) < p_U$) kann unter diesen Prozessbedingungen nicht optimal genutzt werden.

Für den Prozess nach Schaltung A, Abb. 7.6, wurde unter vereinfachten Annahmen (ungekühlte Turbine, modellhafter Ersatz der Brennkammer durch eine äußere Wärmezufuhr, vereinfachtes Stoffmodell) nach Vorgabe von Rand- und Nebenbedingungen eine Parameteroptimierung durchgeführt, die einen Verdichterenddrucke von $p_{max}=31$ bar ergab, siehe auch Tabelle 7.3. Diese führte zu einem thermischen Wirkungsgrad von $\eta_{th,max} = 55{,}6\%$. Die Wirkungsgradeinbuße der Dampfeinmischung wird im Irreversibilitätselement B_y (4,2%), die Wirkungsgradeinbuße durch prozessinternen Wärmetransport bei endlicher Temperaturdifferenz im Abhitzekessel im Element B_z (4,1%) erfasst. Die restlichen Irreversibilitätselemente (irreversible Kompression und Expansion, Druckverluste) kommen aus Irreversibilitätsquellen 1. Art ($B_{Rest} = A - \eta_{th,max} - B_y - B_z$); sie sind hier nicht weiter zu betrachten.

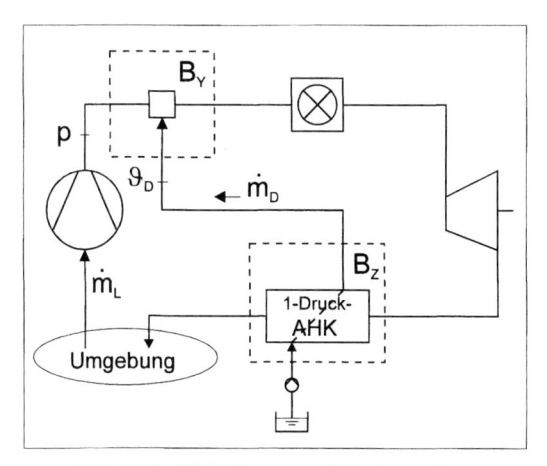

Abb. 7.6 GDT-Prozess, Schaltung A

Liegt ein parameteroptimierter Datensatz vor, so kann der Einstieg in die Strukturoptimierung erfolgen. Die erste Stufe zielt auf eine Verbesserung des Carnotfaktors A ab und wird durch Schaltung eines Rekuperators und gestufte äußere Wärmezufuhr umgesetzt; die mittlere Temperatur der Wärmezufuhr $T_{m,zu}$ wird angehoben. Die gestufte Wärmezufuhr zieht als logische Folge die

Zweidruckschaltung des Abhitzekessels nach sich, was die Abgastemperatur und damit die mittlere Temperatur der Wärmeabfuhr $T_{m,ab}$ erniedrigt, siehe Schaltung B in Abb. 7.7.

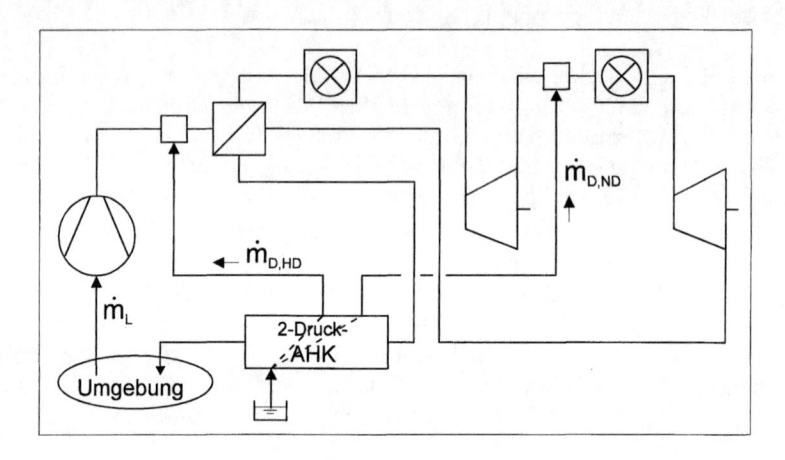

Abb. 7.7 GDT-Prozess, Schaltung B

Diese Maßnahmen liegen auf der Hand; sie verbessern den Carnotfaktor A und heben den thermischen Wirkungsgrad auf 62,8 % an, siehe Tab. 7.3. Es versteht sich von selber, dass eine Strukturänderung dieses Ausmaßes eine erneute Parameteroptimierung zwingend nach sich ziehen muss.

Die zweite Stufe der Strukturoptimierung überprüft die Irreversibilitätsquellen 2. Art (Dampfeinmischung und prozessinterner Wärmetausch) mit der „Methode der partiellen Befragung". Die Dampfeinmischung lässt am ehesten einen Ansatz zur Strukturoptimierung erwarten. In Abb. 7.6 sind die Größen x_j eingetragen, die das zugehörige Irreversibilitätselement B_y wesentlich beeinflussen:
  Der Absolutdruck p an der Mischstelle,
  die Temperatur des Dampfes ϑ_D und
  das Massenstromverhältnis $\dot{m}_D / \dot{m}_L$.

Das Ergebnis der „partiellen Befragung" ist in Tab. 7.2 festgehalten. Durch Steigerung des Druckes an der Mischstelle, durch Erhöhung der Dampftemperatur und durch Verringerung des Dampfmassenstromverhältnisses könnte

Thermodynamische Prozessoptimierung

gemäß Tab. 7.2 eine Effizienzsteigerung erwartet werden. Dies sind jedoch nur Hinweise, ohne dass eine Garantie für eine erfolgreiche Umsetzung besteht.

Variable x_j	$\partial(A - B_y)/\partial x_j$
p	>0
ϑ_D	>0
$\dot{m}_D / \dot{m}_L$	<0

Tab. 7.2 Ergebnis der „partiellen Befragung"

Die Umsetzung des Ergebnisses der „partiellen Befragung" in eine Strukturänderung ist, wie angesprochen, grundsätzlich schwierig. Wird für Schaltung B in Abb. 7.7 der Druck p_{max} nach Verdichter gesteigert, verschlechtert sich die Rekuperationsfähigkeit mit negativer Wirkung auf die Effizienz. Eine Erhöhung der Dampftemperatur ϑ_D wird durch die Rekuperation von vornherein verhindert. Eine Verringerung des Dampfmassenstroms $\dot{m}_D = \dot{m}_{D,HD} + \dot{m}_{D,ND}$ ist beim Übergang von Schaltung A auf Schaltung B bereits erfolgt; eine weitere Verringerung wäre nur durch eine Erhöhung der dem Abhitzekessel vorgeschalteten Rekuperation möglich, wofür es keinen Freiheitsgrad gibt.

Diese Schlussfolgerungen sind nicht überraschend. Gäbe es auf Basis der Schaltung B noch ein Effizienzsteigerungspotential, so wäre die vorlaufende Parameteroptimierung nicht zum Ende gekommen und müsste weitergeführt werden. Kredit aus der Methode der partiellen Befragung kann man somit nur über den Versuch einer weiteren Schaltungsänderung ziehen. In Abb. 7.8 wird eine geänderte Schaltung C probeweise vorgestellt, die durch eine Parallelschaltung der Turbinen gekennzeichnet ist. Im HD-Teil des Systems ist ein im Vergleich zu Schaltung B höherer Prozessdruck möglich. Des Weiteren ist eine höhere Überhitzung für einen Teildampfstrom durch Schaltung eines zweiten Abhitzekessels (AHK2) darstellbar.

Der Prozess nach Schaltung C führt zwar erwartungsgemäß zu dem niedrigsten Wert für das Irreversibilitätselement B_y der Dampfeinmischung, da die Verkleinerung von B_y als Ansatzpunkt für die Strukturänderung ausgewählt wurde, siehe Tab. 7.3. Eine höhere Effizienz im Vergleich zu Schaltung B stellt sich jedoch nicht ein. In Tab. 7.3 wird ausgewiesen, dass sich durch die Strukturänderung gemäß Schaltung C thermodynamische Verschlechterungen an anderen Stellen des Systems ergeben: Die mittlere Temperatur der Wärmezufuhr

$T_{m,zu}$ sinkt im Vergleich zu Schaltung B und die Irreversibilität in den prozessinternen Wärmetauschern steigt, angezeigt durch das Irreversibilitätselement B_z.

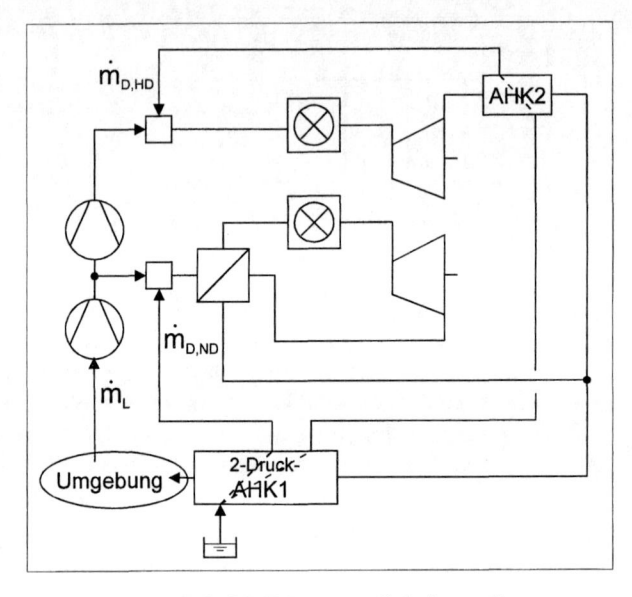

Abb. 7.8 GDT-Prozess, Schaltung C

ϑ_{max}=1400°C	Schaltung A	Schaltung B	Schaltung C
p_{max} [bar]	31 (Optimum)	15	20
A	0,716	0,765	0,741
$T_{m,zu}$ [K]	1150	1364	1242
B_y	0,042	0,041	0,0292
A-B_y	0,674	0,724	0,712
B_z	0,041	0,0443	0,049
A-B_z	0,675	0,721	0,692
η_{th}	0,556	0,628	0,604

Tab. 7.3 Effizienzvergleich der Schaltungen A, B u. C

Wenn auch im hier behandelten Beispiel über den Weg der „partiellen Befragung" keine weitere Prozessverbesserung erreicht wird, so ist der grundsätzliche Nutzen der Methode davon unbenommen. Die Methode liefert auf thermodynamischer Basis Hinweise zur Strukturänderung mit „lokaler" Prozessverbesserung. Ob diese „lokale" Verbesserung eine „globale" Prozessverbesserung nach sich zieht, bedarf immer der Überprüfung.

7.4 Zusammenfassung

Die Optimierung wärmetechnischer Prozesse ist ein ständiges Ingenieurbemühen mit beachtlichen Erfolgen. Hier innezuhalten, würde Rückschritt bedeuten. Ist das Ziel die Effizienzsteigerung, so muss der Optimierungsweg über die Thermodynamik gefunden werden. Eine Effizienzoptimierung ist dann erreicht, wenn der Carnotfaktor A des betrachteten Prozesses größtmögliche Werte annimmt und die effizienzbezogenen Irreversibilitätselemente B_i minimiert sind.

Der hier dargestellte Optimierungsweg ist gestuft. Ausgangspunkt ist eine vorgegebene wärmetechnische Schaltung (Struktur) und ein Satz von Startwerten für die Variablen (Parameter). Über eine Parameteroptimierung als ersten Schritt wird für die Ausgangsstruktur das Effizienzoptimum gefunden. Der zweite Schritt hat das Ziel, über eine Strukturoptimierung die Effizienz weitergehend zu steigern. Dieser Schritt ist zweigestuft. Als erste Stufe sind Strukturänderungen zur gezielten Verbesserung des Carnotfaktors (z. B. durch Steigerung des prozessinternen Wärmeaustauschs) zu suchen. Die diesbezüglichen Möglichkeiten sind im Regelfall leicht zu erkennen. Eine vollständige technische Umsetzung wird jedoch häufig aus Kosten- oder betriebstechnischen Gründen scheitern. Diese erste Stufe der Strukturoptimierung zieht wiederum eine Parameteroptimierung nach sich. Als zweite Stufe der Strukturoptimierung folgt dann die „Methode der partiellen Befragung". Ausgangspunkt sind hierfür die Irreversibilitätsquellen 2. Art im System, die nur über Strukturänderungen beeinflussbar sind. Die zugehörigen Irreversibilitätselemente B_i liefern dann über die sie bestimmenden Parameter Hinweise, in welche Richtung eine weitergehende Strukturänderung versuchsweise zu steuern ist.

Die thermodynamische Prozessoptimierung ist iterativ und ihr Erfolg hängt wesentlich vom Know-how und der Intuition des Ingenieurs ab. Die Vorgehensweise ist letztlich nur auf bekannte Prozesstypen anwendbar. Die Entwicklung grundsätzlich neuer Prozesstypen bedarf im ersten Schritt eines kreativen Ansatzes; die Prozessoptimierung schließt sich dann als notwendiger Folgeschritt an.

Thermodynamisches Intermezzo Nr. 9

Heinrich Heine (1797 - 1856)

Die höchste Blüte des deutschen Geistes: Philosophie und Lied. - Die Zeit ist vorbei, es gehört dazu die idyllische Ruhe, Deutschland ist fortgerissen in die Bewegung - der Gedanke ist nicht mehr uneigennützig, in seine abstrakte Welt stürzt die rohe Tatsache. - Der Dampfwagen der Eisenbahn gibt uns eine zittrige Gemütserschütterung, wobei kein Lied aufgehen kann, der Kohlendampf verscheucht die Sangesvögel, und der Gasbeleuchtungsgestank verdirbt die duftige Mondnacht.

Aus Aphorismen und Fragmente

8 Thermodynamik der Koppelprozesse

Als Koppelprozess wird zum einen eine Energiewandlung bezeichnet, die einen Eingangsenergiestrom in mehrere Nutzenergieströme unterschiedlicher thermodynamischer Qualität transformiert. Im Vordergrund steht hier die *Kraft-Wärmekopplung* (KWK). Zum anderen wird auch ein Prozess mit mehreren Eingangsenergieströmen unterschiedlicher thermodynamischer Qualität zu dieser Prozessgruppe gerechnet, der den Zweck hat, einen Nutzenergiestrom bereitzustellen. Ein Hybridprozess, der gleichzeitig Hoch- und Niedertemperaturwärme zum Zwecke der „Kraft"-Erzeugung wandelt, nachfolgend als *Wärme-Wärme-Kraftkopplung* (WWK) bezeichnet, verwirklicht diesen Prozesstyp. Die WWK stellt in gewisser Weise eine Umkehrung der KWK dar. Ziel des Koppelprozesses im Vergleich zur ungekoppelten Energiewandlung ist in beiden Fällen die Erreichung eines thermodynamischen oder wirtschaftlichen Vorteils.

Auch Kombinationen von KWK und WWK sind denkbar und können im Einzelfall auch sinnvoll sein. Zum Beispiel würde ein Heizkraftwerk mit einer Brennstoffversorgung über Sonderabfall (Niedertemperaturwärme) und Kohle (Hochtemperaturwärme) dieser Kombination entsprechen.

Nicht behandelt wird die Kraft-Wärme-Kältekopplung (KWKK), da letztlich thermodynamisch kein neuer Fall vorliegt. Die „Kälte" als Nutzenergie würde in diesem Prozesstyp über die Bereitstellung von Antriebswärme gewandelt, wobei jedoch nach den Gesetzen der Thermodynamik eine Anergienutzung nicht möglich ist, siehe Abschn. 5.1.2; ein besonderer *thermodynamischer* Nutzen durch Kopplung ist somit nicht gegeben. Es ist daher naheliegend, die KWKK thermodynamisch im ersten Schritt als KWK zu behandeln, also die bereitgestellte Antriebswärme zu bewerten, und dann den nachgeschalteten Kälteprozess für sich zu analysieren.

Jeder Koppelprozess führt auf ein thermodynamischen Bewertungsproblem: Wie hängen bei der KWK die Nutzenergien Arbeit und Wärme mit der Eingangsenergie Wärme bzw. bei der WWK die Nutzenergie Arbeit mit den Eingangsenergien Hoch- und Niedertemperaturwärme zusammen? Die nachfolgend entwickelten Lösungswege sind streng thermodynamisch motiviert, d. h. es wird der Systembezug gewahrt und das irreversible Prozessgeschehen analysiert und in die Bewertung einbezogen.

Die nachfolgenden Ausführungen haben nicht das Ziel, etwa Richtlinien für die Zertifizierung von (z. B.) KWK-Anlagen vorzubereiten, da dann anderen, nichtthermodynamischen Gesichtspunkten eine größere Bedeutung eingeräumt werden müsste.

8.1 Kraftwärmekopplung (KWK)

Die Kraftwärmekopplung ist bekanntermaßen hocheffizient. Sie zu fördern, ist eine ständige Aufforderung an die Energiepolitik.

Betrachtet man als Beispiel den Endenergieverbrauch der Bundesrepublik Deutschland im Jahre 2001, so betrug der Wärmeanteil (als Raumheizwärme und Prozesswärme) fast 60 %. Diese Zahlenangabe unterstreicht die Bedeutung der Energieform Wärme für eine Volkswirtschaft. Über die KWK in dezentralen oder zentralen Einheiten wird die Endenergie Wärme ressourcenschonend und damit auch umweltschonend bereitgestellt und insbesondere der Wärmemarkt für feste, d. h. langfristig verfügbare Brennstoffe offen gehalten. Die knapper werdenden „Edelenergien" Erdgas und leichtes Heizöl könnten so primär der Bedarfsart Verkehr vorbehalten bleiben. Dass am Beispiel der Bundesrepublik Deutschland noch Ausbaupotentiale für die KWK vorhanden sein sollten, zeigen die Länder Dänemark, Niederlande, Finnland und Österreich mit einem im Vergleich zu Deutschland mindestens doppelt so hohen KWK-Anteil an der Stromerzeugung.

Folgende Definitionen werden an den Anfang gestellt:

$\alpha = \dot{Q}_H / \dot{Q}_{zu}$ Heizausbeute;
$\beta = P / \dot{Q}_{zu}$ Kraftausbeute;
$\sigma = \beta / \alpha$ Stromkennziffer.

Hierbei ist P die im KWK-Prozess abgegebene mechanische Leistung, $\dot{Q}_H$ der abgegebene Heizwärmestrom und $\dot{Q}_{zu}$ der aufgenommene Wärmestrom. Weitere Wandlungsschritte (P in elektrische Leistung und die Bereitstellung von $\dot{Q}_{zu}$ über Brennstoff) können im konkreten Fall über zusätzliche Wirkungsgrade einfach erfasst werden.

8.1.1 Bewertungsmethoden

Im Schrifttum finden sich sehr unterschiedliche Bewertungsmethoden für die Koppelprodukte „Wärme" ($\dot{Q}_H$) und „Kraft" (P), so dass der Eindruck entstehen könnte, als gäbe es hier einen weiten Ermessensspielraum. Wenn ausschließlich

Thermodynamik der Koppelprozesse 155

thermodynamisch argumentiert wird, wird dieser Spielraum jedoch sehr eng, wie noch zu zeigen ist.

Bei einem konkreten KWK-Projekt werden die thermodynamischen Aspekte immer von wirtschaftlichen und strategischen Gesichtspunkten überlagert sein. Dennoch ist die Kenntnis der thermodynamischen Gegebenheiten unverzichtbar: Die wirtschaftlichen Randbedingungen einer KWK-Anlage können sich ändern, die dem Prozess zugrunde liegende Thermodynamik jedoch nicht.

Bekanntermaßen ist die energetische Bewertung der Koppelprodukte ungeeignet. Die unterschiedliche Qualität der Koppelprodukte „Wärme" und „Kraft" bliebe dann unberücksichtigt. Dieser Ansatz wird daher nicht weiter betrachtet.

Auch die exergetische Bewertung ist wenig geeignet, siehe z. B. [18]. Die so bewerteten Koppelprodukte $\dot{E}_{ex}(\dot{Q}_H)$ und P wären gleichwertig und dem zugeführten und exergetisch bewerteten Wärmestrom $\dot{E}_{ex}(\dot{Q}_{zu})$ quantitativ entsprechend ihrem Anteil zuzuordnen. Ob eine KWK-Anlage eine hohe oder niedrige Stromkennziffer σ aufwiese, wäre dann aus exergetischer Bewertungssicht relativ unerheblich. Die exergetischen Bewertungsmethode wird aus diesen Gründen ebenfalls nicht weiter betrachtet.

Energiewirtschaftlichen Bewertungsmethoden, die wesentlich auf die Marktgängigkeit der Koppelprodukte abheben, bleiben von vornherein außer Acht, da hier nichtthermodynamische Gründe führend wären. Somit stehen bei den nachfolgend vorgestellten Bewertungsmethoden allein thermodynamische Überlegungen im Mittelpunkt.

8.1.1.1 Bewertungsmethode „Eigenreferenz"

Betrachtet wird vorerst ein Arbeitsprozess für die reine Stromerzeugung, d. h. ohne Heizwärmeauskopplung, siehe Abb. 8.1, linke Graphik. Der Prozess ist wie jeder reale Prozess irreversibel, was über die Entropieerzeugung pro Zeit

$$\dot{S}_{irr,0} = \sum_{i=1}^{n} \dot{S}_{irr,0,i} \text{ (mit n Entropieerzeugungsquellen im System)}$$

angezeigt wird. Der thermische Wirkungsgrad ergibt sich dann nach Gl. (5.1) zu:

$$\eta_{th,0} = P_0 / \dot{Q}_{zu} = (1 - T_{m,ab} / T_{m,zu}) - T_{m,ab} / \dot{Q}_{zu} \cdot \dot{S}_{irr,0} = A_0 - \sum B_{0,i}. \quad (8.1)$$

Die Größe $A_0=1-T_{m,ab}/T_{m,zu}$ ist der Carnotfaktor des Prozesses, gebildet mit den thermodynamischen Mitteltemperaturen, der das grundsätzlich vorhandene Prozesspotential abbildet. Die Irreversibilitätselemente $B_{0,i} = T_{m,ab} / \dot{Q}_{zu} \cdot \dot{S}_{irr,0,i}$ quantifizieren das irreversible Geschehen im System; sie gehen als Negativposten in die Wirkungsgradberechnung ein.

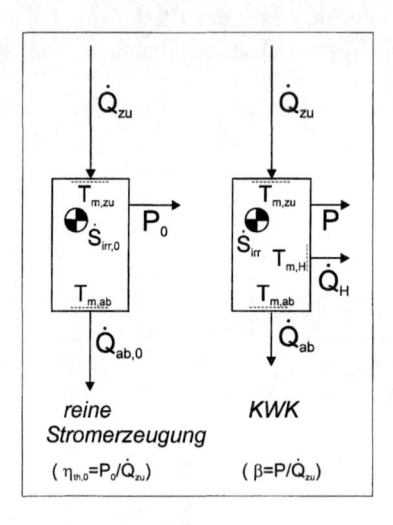

Abb. 8.1 Schematische Darstellung eines Prozesses ohne und mit KWK

Wird ein Heizwärmestrom $\dot{Q}_H$ bei der mittleren Temperatur $T_{m,H}$ ausgekoppelt, so ist der in Abb. 8.1 rechts dargestellte KWK-Fall angesprochen. Hierbei wird unterstellt, dass sich der Prozess mit KWK aus dem Prozess der reinen Stromerzeugung schaltungstechnisch entwickeln lässt. Sollte dies nicht der Fall sein, so ist eine geänderte Herangehensweise zur Bewertung der KWK gefordert, worauf in Abschn. 8.1.1.2 eingegangen wird.

Durch die Heizwärmeauskopplung wird die abgebbare Leistung P reduziert. Die Leistungseinbuße $\Delta P = P_0 - P$ ist im Grundsatz dem ausgekoppelten Heizwärmestrom $\dot{Q}_H$ anzulasten, wobei noch eine Gewichtung vorzunehmen ist. Der im System auftretende Entropieerzeugungsstrom $\dot{S}_{irr}$ wird sich von dem bei reiner Stromerzeugung ($\dot{S}_{irr,0}$) unterscheiden. Die Differenz ($\dot{S}_{irr,0} - \dot{S}_{irr}$) ist somit aus thermodynamischer Sicht zur Bewertung der KWK mit heranzuziehen.

Thermodynamik der Koppelprozesse

Die Kraftausbeute $\beta = P/\dot{Q}_{zu}$ im KWK-Fall wird nun berechnet. Gemäß Gl. (5.1) muss gelten:

$$\beta = P/\dot{Q}_{zu} = (1 - T_{m,ab,ges}/T_{m,zu}) - T_{m,ab,ges}/\dot{Q}_{zu} \cdot \sum \dot{S}_{irr,i} \, .$$

Die thermodynamische Mitteltemperatur der Gesamtwärmeabfuhr $T_{m,ab,ges}$ wird mit Einführung der Größe:

$$\gamma_H = \dot{Q}_H/(\dot{Q}_H + \dot{Q}_{ab}) = \alpha \cdot \dot{Q}_{zu}/(\dot{Q}_H + \dot{Q}_{ab}) = \alpha/(1-\beta)$$

nach Gl. (5.5) ermittelt: $1/T_{m,ab,ges} = \gamma_H \cdot 1/T_{m,H} + (1-\gamma_H) \cdot 1/T_{m,ab}$.

Mit der Einführung der Größe:

findet man:
$$A_H = T_{m,H}/(T_{m,H} - T_{m,ab}) \tag{8.2a}$$

$$\begin{aligned}\beta &= (1 - T_{m,ab}/T_{m,zu}) - \alpha \cdot (1 - T_{m,ab}/T_{m,H}) - T_{m,ab}/\dot{Q}_{zu} \cdot \sum \dot{S}_{irr,i} \\ &= (A_0 - \alpha/A_H) - T_{m,ab}/\dot{Q}_{zu} \cdot \sum \dot{S}_{irr,i} = A - \sum B_i \, .\end{aligned} \tag{8.2b}$$

Das im modifizierten Carnotfaktor $A = A_0 - \alpha/A_H$ erfasste Prozesspotential der Krafterzeugung ist im Vergleich zum Fall der reinen Stromerzeugung nach Gl. (8.1) reduziert. Die Reduzierung ist proportional der Heizausbeute α und umgekehrt proportional der Größe A_H. Die Größe A_H hat folgende thermodynamische Bedeutung: $A_H = \varepsilon_{WP,Carnot}$. Sie entspricht der Leistungszahl einer idealen Wärmepumpe, die zwischen den Temperaturniveaus $T_{m,ab}$ und $T_{m,H}$ arbeitet, und bewertet die Heizausbeute α im Hinblick auf die Kraftausbeute β, jedoch ohne die durch KWK verursachte geänderte Irreversibilität zu berücksichtigen.

Der Entropieerzeugungsstrom $\dot{S}_{irr}$ im KWK-Fall wird sich, wie bereits unterstellt, von dem bei reiner Stromerzeugung ($\dot{S}_{irr,0}$) unterscheiden. Bei einer thermodynamisch optimierten Prozessauslegung kann erwartet werden, dass (bei unverändertem $\dot{Q}_{zu}$) $\dot{S}_{irr} < \dot{S}_{irr,0}$ wird. In diesem Falle würde Irreversibilität durch die Maßnahme der Heizwärmeauskopplung vermieden.

Im Einzelnen zeigt sich Folgendes: Das einzelne Irreversibilitätselement B_i (nach Gl. (8.2)) entspricht hinsichtlich seiner Zuordnung im System einem $B_{0,i}$-Element (nach Gl. (8.1)), sofern das entsprechende Aggregat oder Teilsystem auch im KWK-Fall prozesswirksam ist. In der Größe werden sich die einander zugeordneten Elemente jedoch unterscheiden, da im Allgemeinen von veränderten Prozessrandbedingungen im betrachteten Teilsystem ausgegangen werden muss. Weitere Elemente B_i (ohne entsprechenden „Partner" $B_{0,i}$) können durch zusätzliche, d. h. KWK-bedingte Untersysteme (Aggregate) hinzukommen, ggf. können auch $B_{0,i}$-Elemente verschwinden.

Um die Änderungen im irreversiblen Prozessgeschehen beim Übergang von der reinen Stromerzeugung zum KWK-Fall bewerten zu können, ist zu Vergleichszwecken ein fiktives KWK-Modell einzuführen. Dies hat folgenden Grund: Die Leistungseinbuße $\Delta P = P_0 - P$, siehe Abb. 8.1, kann dem ausgekoppelten Heizwärmestrom $\dot{Q}_H$ nicht eins zu eins zugeordnet werden, da bei der Bereitstellung der Koppelprodukte P und $\dot{Q}_H$ prozesstechnische Wechselwirkungen auftreten. Das einzuführende fiktive Modell beinhaltet eine ideale Wärmepumpe ($\dot{S}_{irr,WP} = 0$), die den Heizwärmestrom $\dot{Q}_H$ bei der thermodynamischen Mitteltemperatur $T_{m,H}$ ohne Rückkopplung auf den Prozess der reinen Stromerzeugung bereitstellt. Die Antriebsleistung P_{WP} und der Zuwärmestrom der Wärmepumpe $\dot{Q}_{WP}$ wird durch den Prozess der reinen Stromerzeugung geliefert. Der Zuwärmestrom deckt sich hierbei aus dem Abwärmestrom $\dot{Q}_{ab,0}$, dessen Temperaturniveau ($T_{m,ab}$) grundsätzlich oberhalb der Umgebungstemperatur liegt und der Wärmepumpe „kostenlos" zur Verfügung steht, siehe Abb. 8.2. Über die (Teil)-Verwendung von $\dot{Q}_{ab,0}$ bei der Mitteltemperatur $T_{m,ab}$ als fiktive „Wärmequelle" für die Wärmepumpe findet die prozesstechnische Kopplung zwischen der reinen Stromerzeugung und der Heizwärmeerzeugung über die fiktive Wärmepumpe statt.

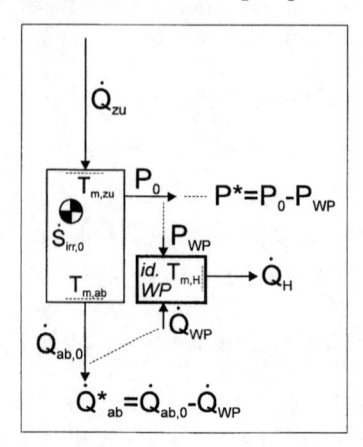

Abb. 8.2 Fiktives KWK-Modell mit idealer Wärmepumpe

Thermodynamik der Koppelprozesse

Der Prozess gemäß dem fiktiven KWK-Modell liefert die mechanische Nettoleistung $P^* = P_0 - P_{WP}$, die sich von der Leistung P nach Abb. 8.1 unterschieden wird. Die Leistungsaufnahme der idealen Wärmepumpe beträgt mit der Leistungszahl $\varepsilon_{WP} = A_H$ nach Gl. (8.2a)

$$P_{WP} = \dot{Q}_H / A_H . \qquad (8.3a)$$

Damit wird unter Beachtung von Gl. (8.1) u. (8.2b) die Kraftausbeute

$$\beta^* = P^* / \dot{Q}_{zu} = A - \sum B_{0,i} . \qquad (8.3b)$$

Die Differenz

$$\Delta P^* = P - P^* = \dot{Q}_{zu} \cdot (\beta - \beta^*) \qquad (8.4)$$

kann positiv oder auch negativ ausfallen. Im positiven Fall hat die KWK die Thermodynamik der Stromerzeugung verbessert, im negativen Fall verschlechtert. Die Verbesserung erfolgt über den Abbau von Irreversibilitäten. Dies entspricht dem erwarteten Normalfall, wie noch an Rechenbeispielen aufgezeigt wird. Werden hingegen die Irreversibilitäten durch die KWK vergrößert, so wird ΔP^* negativ. Die Größe ΔP^* verschwände, wenn von einem innerlich reversiblen KWK-Prozess (, der sich dann ja aus einem innerlich reversiblen Prozess der reinen Stromerzeugung entwickelt hätte,) ausgegangen würde; die Voraussetzung für einen möglichen Irreversibilitätsabbau wäre dann nicht gegeben. Unter dieser Bedingung kann die Bereitstellung von Heizwärme nicht besser als über eine ideale Wärmepumpe erfolgen.

Definition der Koppelzahl KZ:

Die Leistungsdifferenz ΔP^* lässt sich in einer dimensionslosen Größe, der Koppelzahl KZ erfassen:

$$KZ = P_{WP} / (P_{WP} - \Delta P^*) . \qquad (8.5\ a)$$

Ist KZ=1, so wird das Koppelprodukt Heizwärme bereitgestellt, als wäre eine ideale Wärmepumpe gemäß Abb. 8.2 geschaltet; für KZ>1 sind positive, für KZ<1 negative Rückwirkungen im KWK-Prozess auf das Koppelprodukt Arbeit zu unterstellen.

Definition der Heizzahl HZ:

Über die Heizzahl HZ wird das Koppelprodukt „Heizwärme" anteilig dem Wärmestrom $\dot{Q}_{zu}$ (als energetischem Primäraufwand) zugeordnet. Hierzu wird der Wärmestrom $\dot{Q}_{zu}$ gedanklich in zwei Anteile (für die Bereitstellung von P und $\dot{Q}_H$) aufgeteilt: $\dot{Q}_{zu} = \dot{Q}_{zu,P} + \dot{Q}_{zu,H}$. Damit ergibt sich die Heizzahl zu

$$HZ = \dot{Q}_H / \dot{Q}_{zu,H}.$$

Bleibt vorerst der im Normalfall zu erwartende Nutzen der KWK gemäß Gl. (8.4) unberücksichtigt, so ist der fiktive Fall mit idealer Wärmepumpe angesprochen. Die Heizzahl, noch unkorrigiert, ist dann $HZ^* = \dot{Q}_H / \dot{Q}_{zu,H}^*$. Der anteilige Wärmestrom $\dot{Q}_{zu,H}^*$ verhält sich zum Wärmestrom $\dot{Q}_{zu}$ entsprechend dem Verhältnis der mechanischen Leistungen:

$$\gamma^* = \dot{Q}_{zu,H}^* / \dot{Q}_{zu} = P_{WP} / P_0.$$

Damit ergibt sich unter Verwendung der vorstehenden Gleichungen die (noch nicht korrigierte) Heizzahl zu:

$$HZ^* = \alpha / \gamma^* = \alpha \cdot P_0 / P_{WP} = A_H \cdot \eta_{th,0}. \qquad (8.6)$$

Mit der Heizzahl HZ^* wird das Koppelprodukt Heizwärme so bewertet, als würde es mit einer idealen Wärmepumpe unter den Prozessbedingungen gemäß Abb. 8.2 bereitgestellt werden. Wie bereits angesprochen, wird im Regelfall (KZ>1) die Heizwärme im KWK-Fall jedoch energetisch günstiger dargestellt! Dies wird in der korrigierten Heizzahl HZ erfasst. Mit dem korrigierten Leistungsverhältnis

$$\gamma = \dot{Q}_{zu,H} / \dot{Q}_{zu} = (P_{WP} - \Delta P^*) / P_0$$

wird die korrigierte Heizzahl HZ gefunden:

$$HZ = \alpha / \gamma = \alpha \cdot P_0 / (P_0 - P) = \alpha / (1 - \beta / \eta_{th,0}). \qquad (8.7)$$

Die in die Größe γ eingearbeitete Korrektur im Vergleich zur unkorrigierten Größe γ^* ist aus thermodynamischer Sicht zwingend. Der in der Leistungsdifferenz ΔP^* erkannte Nutzen der KWK ist ursächlich dem Koppelprodukt Heizwärme zuzuordnen. Eine geänderte Bewertung der Heizwärme kann

Thermodynamik der Koppelprozesse 161

durchaus argumentativ begründet sein, wäre jedoch aus der hier geforderten thermodynamischen Sicht nicht überzeugend.

Zusammenhang zwischen Heizzahl und Koppelzahl:

Die Koppelzahl nach Gl. (8.5a) kann noch entsprechend der Heizzahl umgeformt werden:

$$KZ = \alpha/(A_H \cdot (\eta_{th,0} - \beta)). \quad (8.5b)$$

Damit ist der Zusammenhang der Kennzahlen gefunden:

$$HZ = KZ \cdot A_H \cdot \eta_{th,0} = KZ \cdot HZ^*. \quad (8.8)$$

Mit Hilfe der Kennzahlen HZ und KZ werden im nächsten Abschnitt verschiedene KWK-Fälle beispielhaft bewertet.

Zur Einordnung der vorgestellten Bewertungsmethode

Die Gleichung für die Heizzahl HZ nach Gl. (8.7) beinhaltet den thermischen Wirkungsgrad $\eta_{th,0}$ des Prozesses der reinen Stromerzeugung. Über diesen Prozess, der den Grenzfall der KWK bei einer Heizwärmeauskopplung von Null ($\alpha=0$) darstellt, also aus den KWK-Fall mit $\alpha>0$ im Grundsatz ableitbar sein muss, ist für den KWK-Fall die hier entscheidende Referenz gefunden, die die Bewertung des Koppelprodukt Heizwärme über die Heizzahl HZ nach Gl. (8.8) erst ermöglicht. Dies begründet die hier gewählte Begrifflichkeit:

„Bewertungsmethode über die Eigenreferenz".

H. D. Baehr hat in seiner grundlegenden Arbeit über die KWK [19] die Heizzahl wie folgt angegeben:

$$HZ_{Baehr} = \alpha/(1 - \beta/\eta_{th,Ref}). \quad (8.9)$$

In Vergleich zu Gl. (8.7) ist $\eta_{th,0}$ durch $\eta_{th,Ref}$ ersetzt. Der thermische Wirkungsgrad $\eta_{th,Ref}$ eines postulierten Referenzkraftwerkes für die reine Stromerzeugung wird hier zur Bewertung des Koppelproduktes Heizwärme herangezogen. Die Festlegung eines Referenzwirkungsgrades ist grundsätzlich möglich; sie wird sich in sinnvoller Weise an der mittleren Güte des in die

Betrachtung eingehenden Kraftwerksparks orientieren und ist insoweit in Grenzen objektivierbar. Es liegt hier eine energiewirtschaftliche Betrachtungsweise vor: Die Ersatzstrombeschaffung aus dem Kraftwerkspark zur Kompensation der durch KWK verursachten Leistungsminderung $\Delta P = P_0 - P$. Diese über Gl. (8.9) gefundene Bewertung kann in Abgrenzung zur hier entwickelten Methode als „Bewertungsmethode über die Fremdreferenz" bezeichnet werden.

Die Bewertungsmethode über die Fremdreferenz ist aus thermodynamischer Sicht in zweifacher Hinsicht problematisch. Zum einen eröffnet die Festlegung des Referenzwirkungsgrades eine gewisse Willkürlichkeit. Je höher der Referenzwirkungsgrad $\eta_{th,Ref}$ angesetzt wird, umso kleiner wird die Heizzahl und damit der thermodynamische Wert der ausgekoppelten Heizwärme. Zum anderen ist die Betrachtungsweise der Bewertung über die Fremdreferenz nicht systemorientiert, womit eine grundsätzlich zu fordernde Voraussetzung für eine thermodynamisch begründete Bewertung aufgegeben wird. Dies macht sich wie folgt bemerkbar: Wird die Kraftausbeute $\beta > \eta_{th,Ref}$, so würde die Heizzahl nach Gl. (8.9) negativ werden, was zu eine unsinnigen Bewertung führte. Dieser Fall ist jedoch nicht untypisch. So wird die Kraftausbeute β eines modernen GuD-Kraftwerkes mit geringer Heizausbeute α mit Sicherheit den mittleren Wirkungsgrad des zugehörigen Kraftwerksparks $\eta_{th,Ref}$ übersteigen.

8.1.1.1a   Exemplarische Anwendungen

Es werden nachfolgend drei KWK-Beispiele behandelt:

Dampfkraftprozess mit Entnahmekondensationsturbine
Dampfkraftprozess mit Gegendruckturbine
GuD-Prozess mit Heizwärmeauskopplung aus dem Abgas.

Diese Beispiele erfüllen die für die Bewertungsmethode notwendig Bedingung, dass aus dem betrachteten KWK-Fall der Fall der reinen Stromerzeugung als Grenzfall abgeleitet werden kann. Die über den thermischen Wirkungsgrad der reinen Stromerzeugung $\eta_{th,0}$ gegebene Eigenreferenz zur Bewertung des Koppelproduktes Heizwärme ermöglicht dann die Berechnung der Koppel- und Heizzahl KZ, HZ gemäß Gln. (8.5; 8.7).

Thermodynamik der Koppelprozesse 163

Anwendung: Dampfkraftprozess mit Entnahmekondensationsturbine

Die Testschaltung für den Dampfkraftprozess (Schaltung A) und die Hauptprozessdaten sind in Abb. 8.3 angegeben. Vorerst wird der Prozess ohne Wärmeauskopplung betrachtet.

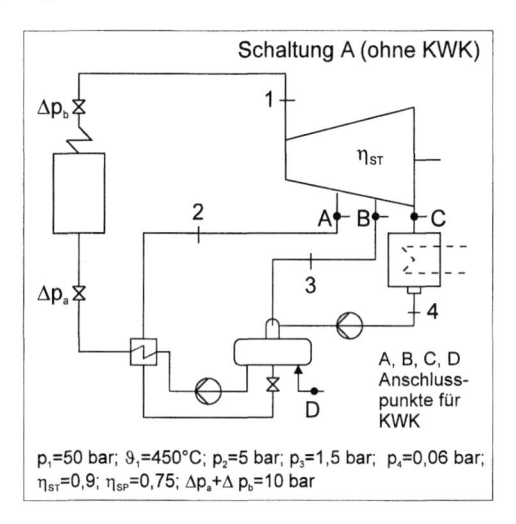

```
Schaltung A (ohne KWK)

p_1=50 bar; ϑ_1=450°C; p_2=5 bar; p_3=1,5 bar; p_4=0,06 bar;
η_ST=0,9; η_SP=0,75; Δp_a+Δp_b=10 bar
```

Abb. 8.3 Testschaltung des Dampfkraftprozesses ohne KWK

Die Wandlung des im Dampferzeuger zugeführten Wärmestroms in Nettoleistung erfolgt irreversibel. Die innere Irreversibilität wird quantitativ in den Irreversibilitätselementen $B_{0,i}$ erfasst. Diese sind in Abb. 8.4 als Irreversibilitätsprofile bei variierten Blockdaten dargestellt. Nach Gl. (8.1) errechnen sich für die drei betrachteten Datenfälle („mäßige" Blockdaten mit einem isentropen Turbinenwirkungsgrad von η_{ST} =0,85; „gute" Blockdaten mit η_{ST} =0,9; „beste" Blockdaten mit η_{ST}=0,95) die folgenden thermischen Wirkungsgrade $\eta_{th,0}$ zu: 35,5%; 37,8%; 39,6%.

Das Element $B_{0,1}$ (Turbinenanlage) beinhaltet für alle Datenfälle den größten Anteil der inneren Irreversibilität. Die Änderung der Blockdaten erfolgt im behandelten Rechenbeispiel über die Höhe des angenommenen isentropen Turbinenwirkungsgrades; daher ist das der Turbine zugeordnete Irreversibilitätselement auch am stärksten durch die Datenvariation betroffen, die anderen Elemente hingegen werden kaum beeinflusst.

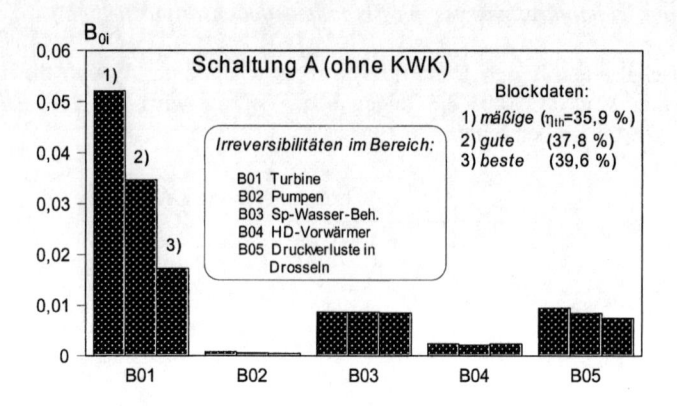

Abb. 8.4 Darstellung des Irreversibilitätsprofils ohne KWK

Es wird nun die Schaltung A der reinen Stromerzeugung nach Abb. 8.3 durch drei Varianten einer Wärmeauskopplung ergänzt, was zu der geänderten Schaltung B, C und D führt, siehe Abb. 8.5.

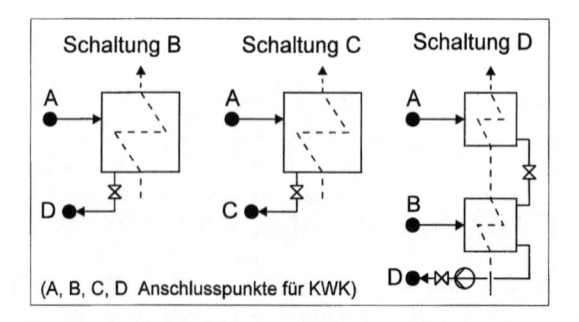

Abb. 8.5 Testschaltungen für KWK (in Verbindung mit Abb. 8.3)

Ergänzungsschaltung B: Einstufige Heizwärmeauskopplung;
Ergänzungsschaltung C: Einstufige Heizwärmeauskopplung mit ungünstiger Heizkondensateinbindung;
Ergänzungsschaltung D: Zweistufige Heizwärmeauskopplung.

(Ein Hinweis: Die mittlere Temperatur der Heizwärme $T_{m,H}$ ist schaltungsabhängig.)

Durch die Heizwärmeauskopplung gemäß Schaltung B, C, D verändert sich das Irreversibilitätsprofil. In Abb. 8.6 ist die summarische Änderung der Irreversibilitätselemente ($\sum B_{0,i} - \sum B_i$), in Abb. 8.7 die Einzeländerung der Irreversibilitätselemente ($B_{0,i} - B_i$) jeweils für den Datenfall „gute" Blockdaten dargestellt.

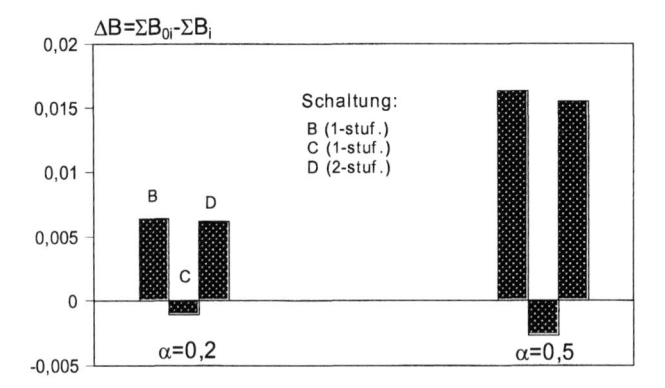

Abb. 8.6 Summarische Änderungen am Irreversibilitätsprofil durch KWK

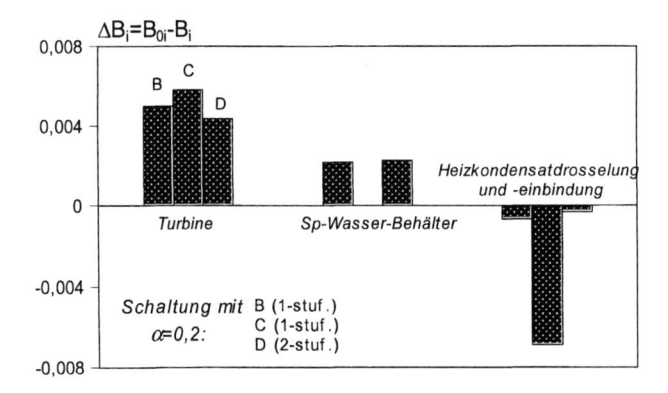

Abb. 8.7 Einzeländerungen am Irreversibilitätsprofil durch KWK

Man erkennt Folgendes: Bei wärmetechnisch sinnvollen KWK-Schaltungen (Schaltung B und D nach Abb. 8.5) ergibt sich eine durch KWK-bedingte Reduzierung der Irreversibilität, angezeigt durch verkleinerte Elemente B_i. Verbesserungen ergeben sich im Bereich Turbine und Speisewasserbehälter, die die auftretende Zusatzirreversibilität über die Heizkondensateinbindung durch irreversible Vermischung weit überkompensieren. Die Schaltung C führt zu Verschlechterungen, was zu erwarten ist. Hier dominiert die durch eine wärmetechnisch ungünstige Heizkondensateinbindung bedingte hohe Zusatzirreversibilität, siehe auch Abb. 8.7, rechte Balkengruppe.

Der thermodynamische Vorteil der KWK im Vergleich zur getrennten Erzeugung von Arbeit und Wärme kommt an deutlichsten in der Heizzahl HZ nach Gl. (8.7b) zum Ausdruck. Grundsätzlich müssen Heizzahlen deutlich über 1 erwartet werden. In Abb. 8.8 wird die Heizzahl HZ (vergleichsweise auch die unkorrigierte Heizzahl HZ^* nach Gl. (8.7a)) für die untersuchten Fälle dargestellt. Es werden sowohl die Blockdaten bei festgehaltenem Frischdampfzustand variiert, wie auch die Art der KWK-Schaltung (einstufig gemäß Schaltung B bzw. zweistufig gemäß Schaltung D).

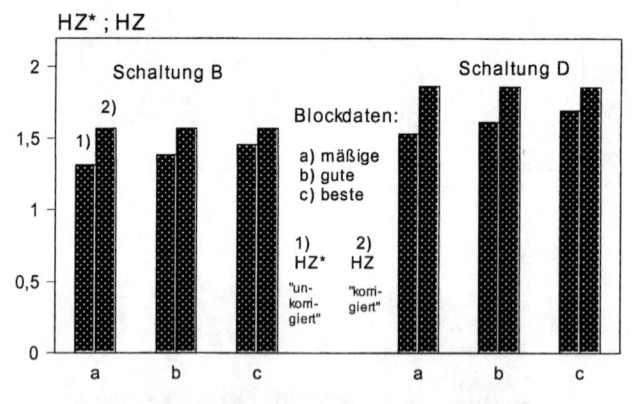

Abb. 8.8 Darstellung der Heizzahl HZ

Dass sich die Heizzahl HZ durch eine aufwändigere Schaltung (Übergang von Schaltung B auf Schaltung D) merklich verbessern lässt, bedarf keiner Erläuterung. Bemerkenswert ist, dass ein Einfluss der Blockdaten, welche die Prozessgüte bestimmen, auf die korrigierte, d. h. maßgebliche Heizzahl nicht signifikant ist. Daraus kann der Schluss gezogen werden, dass die Bereitstellung von Heizwärme unabhängig von der Prozessgüte thermodynamisch in etwa gleichwertig erfolgt. (Diese Schlussfolgerung ist jedoch bei einer geänderten Schaltung und geänderten Blockdaten jeweils erneut zu überprüfen.) Wie bereits dargestellt, bewirkt die KWK unter den hier betrachteten Bedingungen eines Kondensationsblockes einen Abbau an Irreversibilität. Je höher die Ausgangsirreversibilität ist, desto deutlicher ist der diesbezügliche Effekt.

Thermodynamik der Koppelprozesse 167

Dass hier richtig geschlossen wird, zeigt die Darstellung der Koppelzahl KZ in Abb. 8.9. Die Koppelzahl verschlechtert sich bei Verbesserung der Blockdaten. Dies erklärt sich wie folgt: Die Leistungsdifferenz ΔP^* nach Gl. (8.5), die in die Koppelzahl nach Gl. (8.6a) eingeht, wird geschmälert, wenn der thermische Wirkungsgrad $\eta_{th,0}$ nach Gl. (8.1) steigt. ΔP^* ging im Grenzfall auf Null, wenn thermodynamische Idealbedingungen (Carnot-Bedingungen) herrschten. Es kann somit sinnvoll sein, Heizwärme bevorzugt aus älteren (und damit weniger effizienten) Kondensationsblöcken auszukoppeln, da die Heizwärme, angezeigt durch eine erhöhte Koppelzahl, zu Bedingungen bereitgestellt wird, die denen eines effizienteren Blockes in etwa entsprechen.

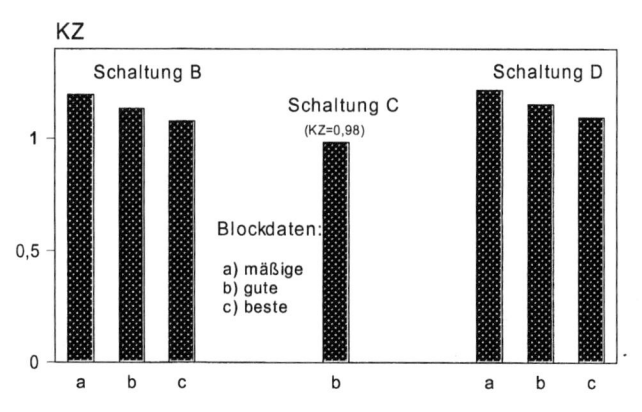

Abb. 8.9 Darstellung der Koppelzahl KZ

Anwendung: Dampfkraftprozess mit Gegendruckturbine

Der Prozess mit Gegendruckturbine wird aus dem zuvor behandelten Prozess mit Entnahmekondensationsturbine entwickelt. Die Schaltung ist in Abb. 8.10 angegeben. Die Wärmeauskopplung erfolgt zweistufig und entspricht dem Schaltungstyp D in Abb. 8.5.

Solange der Kondensationsteil der Turbine durchströmt ist ($\dot{m}_K > 0$), liegt der bereits behandelte Fall der Entnahmekondensationsturbine vor. Ein real vorhandener Kondensatordruck p_{Kon} am kalten Ende bestimmt dann wesentlich den Prozess.

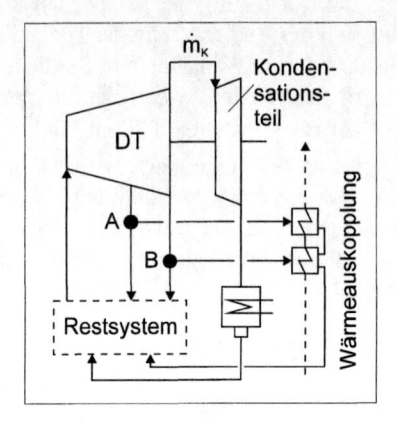

Abb. 8.10

Schaltung des Dampfkraftprozesses mit KWK für die Entwicklung des Gegendruckprozesses bei $\dot{m}_K = 0$ kg/s

Wird die Heizausbeute α derart gesteigert, dass $\dot{m}_K$ verschwindet, so tritt bei $\alpha = \alpha_{max}$ der Gegendruckfall ein. Ein realer Kondensatordruck ist dann nicht mehr prozesswirksam. Als „virtueller" Kondensatordruck muss er jedoch beibehalten werden, um so die Bewertungsmethode nach der Eigenreferenz anwenden zu können. Wird eine konkrete Gegendruckanlage mit konkreten Standortbedingungen betrachtet, so wird es im Grundsatz immer möglich sein, die Frage nach dem zuzuordnenden „virtuellen" Kondensatordruck p_{Kon} ingenieurgerecht zu beantworten.

In Abb. 8.11 ist die Entwicklung des Entnahmekondensationsprozesses hin zum Gegendruckprozess rechnerisch dargestellt. Mit zunehmender Heizausbeute α sinkt die Kraftausbeute β und nimmt im Gegendruckbetrieb mit $\alpha = \alpha_{max}$ den kleinsten Wert an. In der Abbildung ist weiterhin die nach Gl. (8.7) berechnete Heizzahl HZ und die nach Gl (8.6) berechnete Koppelzahl KZ angegeben.

Aus Abb. 8.11 ist ersichtlich, dass die Heiz- und Koppelzahl für den betrachteten Prozesstyp keine Abhängigkeit von der Heizausbeute α zeigen. Dies erklärt sich aus der Tatsache, dass die Temperaturverhältnisse im System unverändert bleiben. (Prozesswirksame Sekundäreffekte aufgrund geänderter Massenströme bleiben hierbei unberücksichtigt.) Die Heizzahl HZ steigt mit höherem Kondensatordruck; die Koppelzahl hingegen nimmt in geringem Maße ab.

Thermodynamik der Koppelprozesse

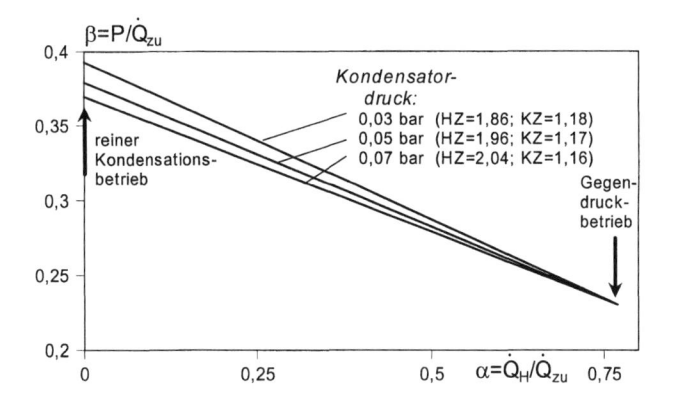

Abb. 8.11 Kraftausbeute β in Abhängigkeit der Heizausbeute α

Dem Gegendruckfall bei $\alpha = \alpha_{max}$ wäre demnach dann keine eindeutige Heizzahl HZ zuzuordnen, siehe Abb. 8.11, sofern kein virtueller Kondensatordruck festgelegt würde. Dass dies jedoch immer über sinnfällige Annahmen möglich ist, wurde bereits angesprochen.

Der Gegendruckfall ist damit als Sonderfall des Entnahmekondensationsfalls anzusehen. Für die Schaltung nach Abb. 8.10 mit $\dot{m}_K = 0$ ist für einen Datenfall mit variiertem Turbinenwirkungsgrad η_{ST} die Koppel- und Heizzahl KZ und KZ in Abb. 8.12 angegeben. Wiederum ist die Heizzahl sowohl bei einem niedrigen wie auch einem hohen Turbinenwirkungsgrad in Übereinstimmung mit dem zuvor behandelten Fall der Entnahmekondensationsturbine in etwa gleich, so dass hier die gleichen Schlussfolgerungen zu ziehen sind.

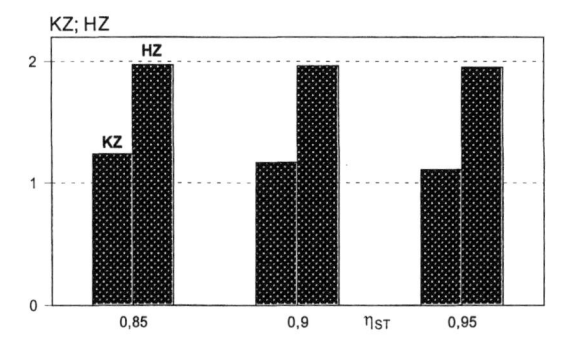

Abb. 8.12 Heiz- und Koppelzahl in Abhängigkeit des Turbinenwirkungsgrades bei Gegendruckbetrieb

Anwendung: GuD-Prozess mit Wärmeauskopplung aus dem Abgas

In Abb. 8.13 ist ein vereinfachtes Blockschaltbild eines GuD-Kraftwerks mit Wärmeauskopplung aus der Gasphase dargestellt. Der Gasturbinenanlage (GT) ist ein Abhitzedampferzeuger (AHK1) nachgeschaltet, in dem der Wärmetransport aus dem Enthalpieabbau des Gasturbinenabgases an den Wasser/Dampf-Kreislauf der Dampfturbinenanlage (DT) erfolgt. Das Abgas hat nach dem AHK1 die noch relativ hohe Temperatur ϑ_1. Im Wärmetauscher (AHK2) wird dann der Heizwärmestrom $\dot{Q}_H$ bei der thermodynamischen Mitteltemperatur $T_{m,H}$ ausgekoppelt. Das Abgas nimmt die Temperatur ϑ_2 (Schornsteintemperatur) an und wird in diesem Zustand in die Umgebung entlassen.

Wäre der Prozess nur zur Stromerzeugung, d. h. ohne Wärmeauskopplung konzipiert, so würde der Temperaturabbau im (angepassten) AHK1 bis auf die Schornsteintemperatur ϑ_2 erfolgen und ein entsprechend höherer Wärmestrom an den Wasser/Dampf-Kreislauf übertragen. Die mechanische Leistung P_0, siehe auch Abb. 8.1 (linke Graphik), nähme ihren Maximalwert an. Dieser Betriebsfall liefert über den Wert des thermischen Wirkungsgrades $\eta_{th,0}$ die Eigenreferenz zur Bewertung des Koppelproduktes Heizwärme.

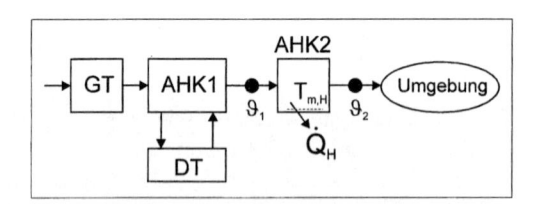

Abb. 8.13 GuD-Prozess mit KWK

In Analogie zu den bereits behandelten KWK-Fällen ist für den GuD-Prozess ohne Heizwärmeauskopplung (Gastemperatur nach AHK1: ϑ_2) zur Ermittlung der Koppelzahl KZ nach Gl. (8.6b) und der Heizzahl HZ nach Gl. (8.8) eine ideale Wärmepumpe zu schalten, siehe Abb. 8.14. Die Wärmepumpe übernimmt die Zuwärme $\dot{Q}_{WP,zu}$ aus dem Abgas des GuD-Prozesses und ist damit in spezifischer Weise mit dem Hauptprozess verkoppelt. Sie reduziert die Abgastemperatur von ϑ_2 auf $\vartheta_3 \geq \vartheta_U$. Die Leistung der Anlage verringert sich durch den Antrieb der Wärmepumpe von P_0 auf $P^* = P_0 - P_{WP}$.

Thermodynamik der Koppelprozesse

Es sei weiterhin sichergestellt, dass die Heizwärme $\dot{Q}_{WP,ab} = \dot{Q}_H$ über die Wärmepumpe in gleicher thermodynamischer Qualität auftritt wie im GuD-Fall mit KWK nach Abb. 8.13.

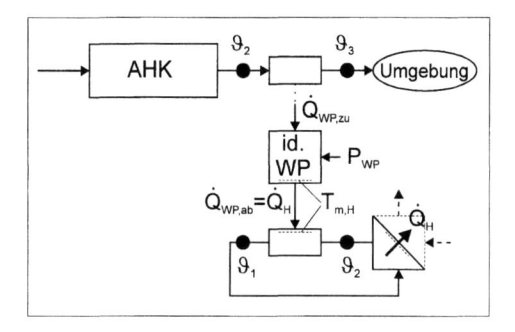

Abb. 8.14 Schaltung der idealen Wärmepumpe beim GuD-Prozess

Die Bewertungsmethodik kann nun auf einen Testfall angewendet werden. In Abb. 8.15 ist die Schaltung eines GuD-Prozesses mit Wärmeauskopplung aus der Gasphase angegeben. Der Abhitzedampferzeuger (AHK1) ist als Zweidruckkessel vorgesehen. Die Heizwärme $\dot{Q}_H$ wird im nachgeschalteten Wärmetauscher (AHK2) ausgekoppelt.

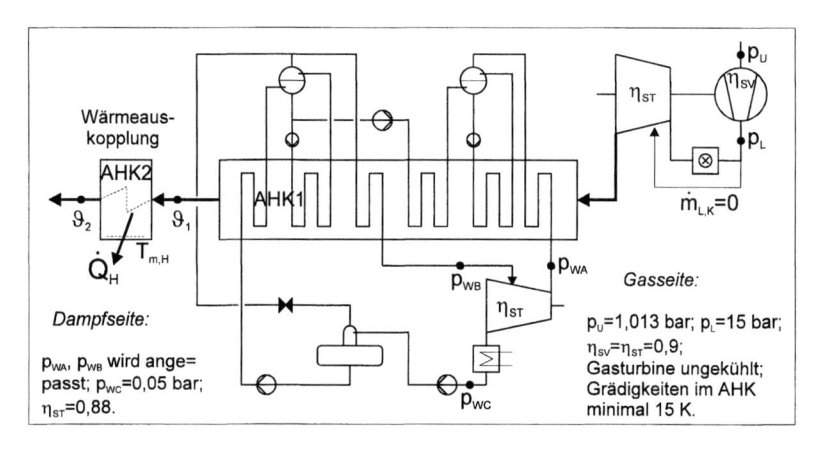

Abb. 8.15 Testschaltung des GuD-Prozesses mit KWK

Der hier behandelte Fall ist dadurch gekennzeichnet, dass sich die Koppel- und Heizzahl abhängig von der Heizausbeute α ändert, siehe Abb. 8.16. Mit steigender Wärmeauskopplung wird die Temperatur ϑ_1 (bei festgehaltener Temperatur ϑ_2) nach Abb. 8.13 angehoben und damit auch die thermodynamische Mitteltemperatur $T_{m,H}$ der Heizwärme. Diese wird somit aus thermodynamischer Sicht unvermeidlich wertvoller, was den Abfall der Heizzahl HZ in Abb. 8.16 begründet. Eine Wärmeauskopplung bei geringer Heizausbeute α ist somit zu favorisieren, was zu beachtlich hohen Heizzahlen führen kann. Bei einer Heizausbeute von $\alpha=6\%$ - dies entspricht im gerechneten Beispiel einem Rauchgastemperaturabbau um 50 K von $\vartheta_1=150°C$ auf $\vartheta_2=100°C$ - ergibt sich eine Heizzahl HZ in der Größenordnung von 4 !

Dies steht nicht im Widerspruch zu der korrespondierenden niedrigen Koppelzahl von KZ<1. Während der Abfall der Kraftausbeute β in Abhängigkeit von α nahezu linear erfolgt, siehe Abb. 8.16, nimmt der „Kraftbedarf" der idealen Wärmepumpe mit fallender Temperatur der Heizwärme bei Annäherung der Temperaturen der Wärmeaufnahme und Wärmeabgabe rapide ab und die Leistungszahl $\varepsilon_{WP,Carnot}$ entsprechend zu, siehe Abb. 8.17.

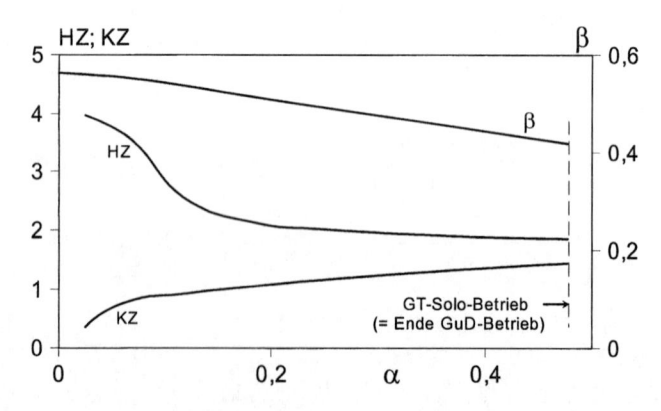

Abb. 8.16 Heizzahl und Koppelzahl beim GuD-Prozess in Abhängigkeit der Heizausbeute α

Unter diesen besonderen Bedingungen mit KZ<1 wäre der GuD-Betrieb mit KWK trotz guter Heizzahl ungünstiger als der reine GuD-Betrieb in Kombination mit einer idealen Wärmepumpe.

Thermodynamik der Koppelprozesse 173

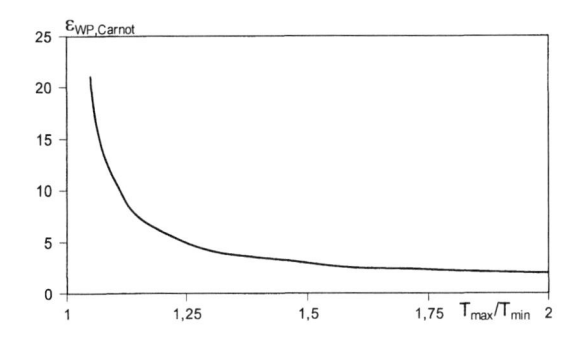

Abb. 8.17 Leistungszahl einer idealen Wärmepumpe, die zwischen den Temperaturen T_{min} und T_{max} arbeitet.

Für den in Abb. 8.16 dargestellten Rechenfall mit sich ändernder Heizausbeute α (und damit sich ändernden Temperaturverhältnissen im System) sind umfangreiche Optimierungsanpassungen in den Teilsystemen Abhitzedampferzeuger (AHK1) und Dampfturbinenanlage (DT) nach Abb. 8.15 erforderlich, was zum stark nichtlinearen Charakter der Kurvenverläufe für die Koppel- und Heizzahl KZ, HZ beiträgt.

8.1.1.2 Bewertungsmethode „Zerlegung in virtuelle Teilprozesse"

Ein KWK-Prozess gemäß Abb. 8.1 (rechte Graphik) wandelt den zugeführten Wärmestrom $\dot{Q}_{zu}$ in die mechanische Leistung P und den Heizwärmestrom $\dot{Q}_H$. Es soll nun unterstellt werden, dass der Prozess nur unter diesen Bedingungen vorstellbar ist. Dies hätte folgende Konsequenz: Der KWK-Prozess lieferte keine Eigenreferenz zur Bewertung der Koppelprodukte gemäß Abschn. 8.1.1.1. (Die Eigenreferenz wäre nur dann zu finden, wenn sich der KWK-Prozess über eine Grenzbetrachtung ($\dot{Q}_H \to 0$) in den Prozess der reinen Stromerzeugung überführen ließe, was jedoch gemäß Vorgabe ausgeschlossen wird bzw. nicht herangezogen werden soll. Die Heizzahl HZ ist dann über Gl. (8.8) nicht berechenbar, da kein thermischer Wirkungsgrad $\eta_{th,0}$ der reinen Stromerzeugung angebbar ist.)

Als thermodynamisch begründete Bewertungsmethode bietet sich in solchen Fällen die „Methode der Zerlegung in virtuelle Teilprozesse" an, die von I.

Tuschy in [20] für den WWK-Prozesstyp entwickelt wurde und nun auf den KWK-Prozess übertragen werden soll. Der KWK-Prozess gemäß Abb. 8.1 (rechte Graphik) ist nach dieser Methode gedanklich in zwei Teilprozesse mit den Abwärmeströmen $\dot{Q}_A = \dot{Q}_{ab}$ (nicht verwertbaren Abwärmestrom) und $\dot{Q}_B = \dot{Q}_H$ (nutzbarer Heizwärmestrom) aufzugliedern, siehe Abb. 8.18.

Die Zerlegung führt zu neuen Unbekannten; die Zuwärme ist aufzugliedern in $\dot{Q}_{zu,A}$ und $\dot{Q}_{zu,B}$, die Leistung in P_A und P_B. Die Aufteilung der zugeordneten Entropieerzeugungsströme $\dot{S}_{irr,A}$ und $\dot{S}_{irr,B}$ ist im konkreten KWK-Fall prozessnahe, d. h. thermodynamisch gerecht vorzunehmen. Auch eine Globalaufteilung der Entropieerzeugung auf die Teilprozesse A und B ist im Grundsatz möglich etwa gemäß folgendem Ansatz: $\dot{S}_{irr,A} = \dot{S}_{irr} \cdot P_A / P$ und $\dot{S}_{irr,B} = \dot{S}_{irr} \cdot P_B / P$. Eine Globalaufteilung, die grundsätzlich unscharf ist, sollte jedoch nur dann gewählt werden, wenn eine prozessnahe Zuordnung wegen fehlender Systeminformationen nicht möglich ist.

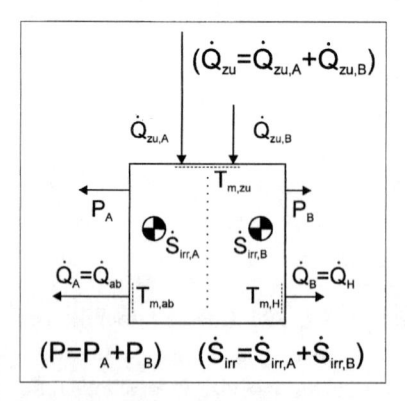

Abb. 8.18 Zerlegung des KWK-Prozesses in Teilprozesse

Für den nicht aufgegliederten Prozess ist die Kraftausbeute β gemäß Gl. (8.3) zu berechnen: $\beta = P / \dot{Q}_{zu} = A - \sum B_i$. Für die Teilprozesse A und B muss dies bei thermodynamischer Konsistenz in gleicher Weise gelten, siehe auch Gl. (8.1):

$$\eta_{th,A} = P_A / \dot{Q}_{zu,A} = (1 - T_{m,ab} / T_{m,zu}) - T_{m,ab} / \dot{Q}_{zu,A} \cdot \dot{S}_{irr,A}$$
$$\eta_{th,B} = P_B / \dot{Q}_{zu,B} = (1 - T_{m,H} / T_{m,zu}) - T_{m,H} / \dot{Q}_{zu,B} \cdot \dot{S}_{irr,B} .$$

(8.10a,b)

Thermodynamik der Koppelprozesse

Mit

$$\dot{Q}_{zu} = \dot{Q}_{zu,A} + \dot{Q}_{zu,B} \text{ und } P = P_A + P_B \qquad (8.11a,b)$$

können dann nach erfolgter Aufteilung der anteiligen Entropieerzeugungsströme $\dot{S}_{irr,A}$ und $\dot{S}_{irr,B}$ die vier Unbekannten $P_A, P_B, \dot{Q}_{zu,A}, \dot{Q}_{zu,B}$ berechnet werden und damit nach Gl. (8.10) auch der Teilwirkungsgrad $\eta_{th,A}$, der nachfolgend zur Bewertung der Koppelprodukte herangezogen werden soll. Dieser Teilwirkungsgrad unterscheidet sich grundsätzlich vom Wirkungsgrad der reinen Stromerzeugung $\eta_{th,0}$. Der Teilwirkungsgrad $\eta_{th,A}$ ist der virtuelle Wirkungsgrad der reinen Stromerzeugung im Kontext des konkret ablaufenden KWK-Prozesses und damit vom Wirkungsgrad $\eta_{th,0}$ (als Ergebnis einer Grenzbetrachtung) unterschieden.

Mit Hilfe des Teilwirkungsgrades $\eta_{th,A}$ soll nun die Heizzahl HZ zur Bewertung des Koppelprodukts $\dot{Q}_H$ gefunden werden. Es gilt:

$$\eta_{th,A} = P_A / \dot{Q}_{zu,A} = P_{A,0} / \dot{Q}_{zu}. \qquad (8.12)$$

Die Leistung $P_{A,0}$ ist demnach die mechanische Leistung, die unter den Bedingungen des virtuellen Teilprozesses A aus dem Gesamtstrom der zugeführten Wärme $\dot{Q}_{zu}$ gewandelt werden könnte. Der KWK-Prozess liefert jedoch nur die Leistung $P = \beta \cdot \dot{Q}_{zu}$. Die Leistungsdifferenz

$$\Delta P = P_{A,0} - P = \dot{Q}_{zu} \cdot (\eta_{th,A} - \beta) \qquad (8.13a)$$

ist somit dem ausgekoppelten Wärmestrom $\dot{Q}_H$ anzulasten. Mit der Heizausbeute $\alpha = \dot{Q}_H / \dot{Q}_{zu}$ und dem Leistungsverhältnis γ von anteiligem Zuwärmestrom $\dot{Q}_{zu,H}$ und $\dot{Q}_{zu}$

$$\gamma = \dot{Q}_{zu,H} / \dot{Q}_{zu} = \Delta P / P_{A,0} \qquad (8.13b)$$

ergibt sich die im Vergleich zu Gl. (8.7) und (8.9) geänderte Heizzahl zu

$$HZ = \dot{Q}_H / \dot{Q}_{zu,H} = \alpha / \gamma = \alpha \cdot / (1 - \beta / \eta_{th,A}). \qquad (8.14)$$

Gemäß Ableitung ist der anteilige Wärmestrom $\dot{Q}_{zu,H}$ nicht identisch mit dem Wärmestrom $\dot{Q}_{zu,B}$ nach Abb. 8.18, da aus $\dot{Q}_{zu,B}$ gemäß der Modellbildung neben der Heizwärme $\dot{Q}_H$ auch die Leistung P_B gewandelt wird.

8.1.1.2a Exemplarische Anwendung

Als Anwendungsbeispiel wird der bereits in Abschn. 8.1.1.2 behandelte Fall eines Dampfkraftprozesses bei einstufiger Heizdampfentnahme mit den dort angegebenen Prozessdaten erneut aufgegriffen. Der entnommene Heizdampfstrom $\dot{m}_H$ wie auch der Massenstrom $\dot{m}_T$ vor Turbine ist in die Schaltung nach Abb. 8.19 eingetragen. Im Heizwärmetauscher wird der Wärmestrom $\dot{Q}_H$ übertragen. Der Weg des Heizdampfstroms, den dieser alleine oder anteilig im System nimmt, ist durch einen dickeren Linienzug gekennzeichnet.

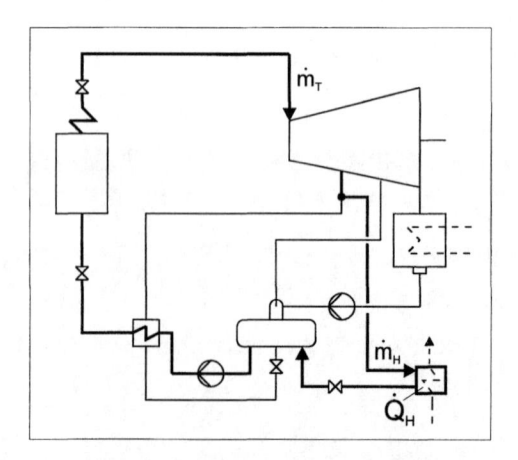

Abb. 8.19 Testschaltung mit Entnahmekondensationsturbine

Zur Ermittlung der Heizzahl HZ nach Gl. (8.14) ist als erster Schritt die im System auftretende Entropieerzeugung $\dot{S}_{irr} = \dot{S}_{irr,A} + \dot{S}_{irr,B}$ auf die virtuellen Teilsysteme A und B nach Abb. 8.18 aufzuteilen. Wird ein Teilsystem mit der Entropieerzeugung $\dot{S}_{irr,i}$ nur vom Entnahmedampfstrom $\dot{m}_H$ durchströmt, so

Thermodynamik der Koppelprozesse

wird diese Entropieerzeugung alleiniger Teil von $\dot{S}_{irr,B}$. In den Teilsystemen, die von $\dot{m}_H$ nur anteilig durchströmt werden, ist die zugehörige Entropieerzeugung $\dot{S}_{irr,i}$ massenstromgewichtet aufzuteilen, z. B.: $\dot{S}_{irr,B,i} = \dot{S}_{irr,i} \cdot \dot{m}_H / \dot{m}_T$. Bei umfassender Kenntnis des Systems und des ablaufenden Prozesses wird es im Regelfall möglich sein, die Aufteilung der Entropieerzeugung prozessgerecht durchzuführen.

Die Heizzahl HZ kann nun berechnet werden. In Abb. 8.20 ist das Ergebnis dargestellt, wobei die Daten aus Abb. 8.8 (Ermittlung der Heizzahl nach der Bewertungsmethode „Eigenreferenz") zum Vergleich mit aufgenommen sind. Die Heizzahl nach der Methode der virtuellen Teilprozesse (HZ_2 nach Gl. (8.14)) und nach der Methode der korrigierten Eigenreferenz (HZ_1 nach Gl. (8.7)) unterscheiden sich nur wenig. Dass HZ_2 geringfügig kleiner als HZ_1 ausfällt, siehe Abb. 8.20, erklärt sich wie folgt: Die Methode der virtuellen Teilprozesse zeigt ansatzbedingt keinen Irreversibilitätsabbau (ggf. auch Zubau) durch KWK auf, da die Entropieerzeugung im Kontext des konkreten KWK-Prozesses bereits abschließend auf die virtuellen Teilprozesse aufgeteilt ist. Das Koppelprodukt Heizwärme ist damit im hier betrachteten Beispiel geringfügig schlechter bewertet. Gleichzeitig ergibt sich daraus eine entsprechend bessere Bewertung des Koppelproduktes „Kraft". Diese Bewertung ist thermodynamisch dann zwingend, wenn der KWK-Prozess systembedingt von vornherein keine oder nur eine stark eingeschränkte Flexibilität bezüglich der Heizausbeute α aufweist und insbesondere der KWK-Grenzfall für den einen Stromerzeugung mit $\alpha=0$ nicht darstellbar ist.

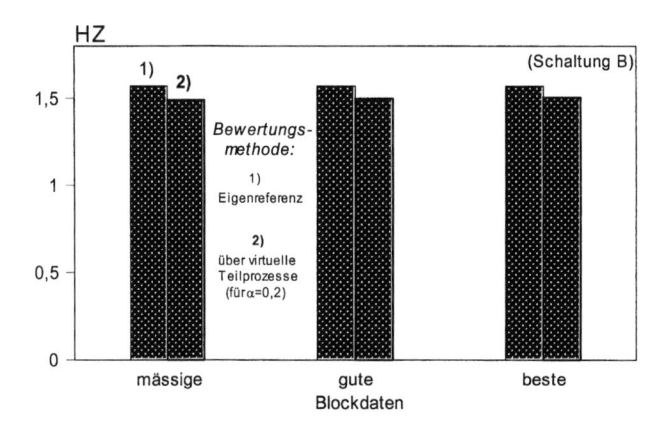

Abb. 8.20 Darstellung der Heizzahl HZ in Gegenüberstellung

8.2 Wärme/Wärme-Kraftkopplung (WWK)

Der gleichzeitige Einsatz von Hoch- und Niedertemperaturwärme in einem Kraftprozess, nachfolgend WWK-Prozess genannt, wird zunehmend an Bedeutung gewinnen. Insbesondere biogene Brennstoffe, die eine wichtige Option für eine nachhaltige Energieversorgung darstellen, wie auch Abfallstoffe mit geringem Heizwert und sonstige Abwärmen (z. B. aus Industrieprozessen) können im kombinierten Einsatz mit Vollwertbrennstoffen (z. B. Steinkohle) vorteilhaft verstromt werden. Dies kann zur Schonung der fossilen Brennstoffressourcen beitragen. In einem solchen Koppelprozess liefert der Vollwertbrennstoff die Hochtemperaturwärme ($\dot{Q}_{HT}$), der Zusatzbrennstoff mit geringem Heizwert (als Beispiel) die Niedertemperaturwärme ($\dot{Q}_{NT}$). Grundsätzlich können auch Solar- und Geothermie zur Bereitstellung der Niedertemperaturwärme eingesetzt werden.

Es werden nur Kraftprozesse betrachtet, bei denen Hoch- und Niedertemperaturwärme an unterschiedlichen Stellen im System zugeführt werden. Jeder Wärme ist dann eine eigene thermodynamische Mitteltemperatur $T_{m,zu,HT}$ bzw. $T_{m,zu,NT}$ zuzuordnen. Wird ein Mischbrennstoff - z. B. bestehend aus einem hochwertigen und einem minderwertigen Brennstoff - eingesetzt oder erfolgt eine simultane Mitverbrennung, so ist prozesstechnisch kein Koppelprozess angesprochen. Hierauf wird nicht eingegangen, da kein thermodynamisch interessanter Fall vorliegt. (Aus energiewirtschaftlicher Sicht können diese Lösungen jedoch sinnvoll sein.)

8.2.1 Bewertungsmethoden

Werden zwei Wärmen unterschiedlicher Qualität in einem Kraftprozess eingesetzt, so stellt sich die Frage, wie groß der jeweilige Anteil der Einzelwärme an der gewandelten Zielenergie, der Arbeit, ist. Es liegt hier ein zum KWK-Fall vergleichbares Zuordnungsproblem vor. Die thermodynamische Herangehensweise zur Lösung dieses Problems orientiert sich daher an den bereits dargestellten Lösungen zur KWK nach Abschn. 8.1: Es wird auf das irreversible Prozessgeschehen eingegangen und der Systembezug gewahrt.

Der Anteil des im Prozess eingesetzten Niedertemperaturwärmestroms wird über das Wärmeverhältnis

$$\alpha = \dot{Q}_{NT} / \dot{Q}_{HT}$$

Thermodynamik der Koppelprozesse 179

erfasst. Ist als sinnvoller Dauerlastfall der Einsatz der Niedertemperaturwärme bis auf Null reduzierbar, so bietet sich zur Bewertung der eingesetzten Wärmen die „Methode der Eigenreferenz" an; der WWK-Grenzfall mit $\alpha = 0$ liefert dann die benötigte Eigenreferenz. Ist der WWK-Prozess hingegen nur sinnvoll mit einem Wärmeverhältnis $\alpha > 0$ zu betreiben, so wird die „Bewertungsmethode der Zerlegung in virtuelle Teilprozesse" angewendet.

8.2.1.1 Bewertungsmethode „Eigenreferenz"

Der WWK-Fall ist in Abb. 8.21 (linke Graphik) allgemein dargestellt. Ein Hoch- und ein Niedertemperaturwärmestrom, $\dot{Q}_{zu,HT}$ und $\dot{Q}_{zu,NT}$, die ggf. jeweils für sich auch Summenwärmeströme darstellen können, werden in die mechanische Leistung P gewandelt. Es tritt der Abwärmestrom $\dot{Q}_{ab}$ und der Entropieerzeugungsstrom $\dot{S}_{irr}$ auf.

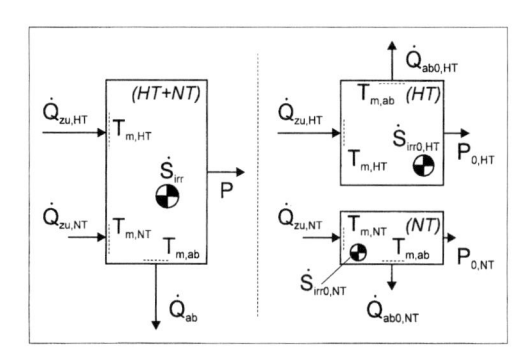

Abb. 8.21 Schematische Darstellung eines WWK-Prozesses

Der thermische Wirkungsgrad beträgt nach Gl. (5.1) mit $\dot{Q}_{zu} = \dot{Q}_{zu,HT} + \dot{Q}_{zu,NT}$:

$$\eta_{th} = P/\dot{Q}_{zu} = A - B. \tag{8.15a}$$

A ist der Carnotfaktor, gebildet mit den thermodynamischen Mitteltemperaturen der Wärmezu- und -abfuhr, wobei die Temperatur der Wärmezufuhr $T_{m,zu}$ gemäß Gl. (5.5) aus den Temperaturen $T_{m,HT}$ und $T_{m,NT}$ zu mitteln ist. In B sind die Irreversibilitätselemente B_i als Summe erfasst: $B = \sum B_i$.

Der WWK-Prozess wird nun modellhaft in zwei Teilprozesse aufgelöst, siehe Abb. 8.21 (rechte Graphik). Der Hochtemperaturwärmestrom wird für sich in die mechanische Leistung $P_{0,HT}$ gewandelt, der Niedertemperaturwärmestrom entsprechend in die Leistung $P_{0,NT}$. Die Summe der mechanischen Leistungen $P_0=P_{0,HT}+P_{0,NT}$ wird sich von der Leistung P unterscheiden.

Der thermische Wirkungsgrad für die Wandlung der Hochtemperaturwärme berechnet sich wie folgt:

$$\eta_{th,0,HT} = P_{0,HT} / \dot{Q}_{zu,HT} = A_{0,HT} - B_{0,HT} \qquad (8.15b)$$

Es wird nun unterstellt, dass dieser Wirkungsgrad auch für den realen Prozessfall mit ausschließlichem Hochtemperaturwärmeeinsatz, d. h. bei $\alpha=0$, gültig ist. Damit ist der Wirkungsgrad $\eta_{th,0,HT}$ problemlos berechenbar. Gl. (8.16b) liefert die Eigenreferenz, um das Zuordnungsproblem Wärmestrom zu anteiliger Leistung zu lösen.

Der Wirkungsgrad für die Wandlung der Niedertemperaturwärme ergibt sich entsprechend formal wie folgt:

$$\eta_{th,0,NT} = P_{0,NT} / \dot{Q}_{zu,NT} = A_{0,NT} - B_{0,NT}. \qquad (8.15c)$$

Um diesen Wirkungsgrad berechnen zu können, sind die nachfolgenden Festlegungen zu treffen. Die mittlere Temperatur der Wärmeabfuhr $T_{m,ab}$ wird für den separaten HT- und separaten NT-Prozess gleich gesetzt. Dies ist naheliegend und auch im Regelfall problemgerecht. (Sollten sich die Temperaturgänge der Wärmeströme $\dot{Q}_{zu,NT}$ und $\dot{Q}_{ab}$ jedoch überlappen, so wäre ggf. eine Sonderüberlegung mit angepassten mittleren Temperaturen der Wärmeabfuhr anzustellen, siehe [20].)

Die zweite Festlegung bestimmt den Summenwert der Irreversibilitätselemente $B_{0,NT}$. Es wird hier im Sinne eines pragmatischen Ansatzes

$$B_{0,NT}=B_{0,HT}$$

gesetzt. Wegen der unterstellten engen prozesstechnischen Verknüpfung von Hoch- und Niedertemperaturwandlung im WWK-System erscheint dies gerechtfertigt. Die partiellen Wirkungsgrade $\eta_{th,0,HT}$ und $\eta_{th,0,NT}$ unterscheiden sich dann nur über die Carnotfaktoren $A_{0,HT}$ und $A_{0,NT}$, die die unterschiedliche Qualität der eingesetzten Wärme erfassen: $\eta_{0,HT} - \eta_{0,NT} = A_{0,HT} - A_{0,NT}$.

Thermodynamik der Koppelprozesse 181

(Hierzu folgender Hinweis: Der gewählte Ansatz ($B_{0,NT}=B_{0,HAT}$) hat den Vorteil der Einfachheit, ist jedoch nicht unproblematisch. Der partielle Wirkungsgrad $\eta_{th,0,NT}$ wird pessimistisch abgeschätzt: $\eta_{th,0,NT}/\eta_{th,0,HT} < A_{0,NT}/A_{0,HT}$. Es kann erwartet werden, dass dies eine im Regelfall realitätsnahe Annahme ist; diese wäre in besonders günstig gelagerten WWK-Fällen zu korrigieren bis hin zum Ansatz: $\eta_{th,0,NT}/\eta_{th,0,HT} = A_{0,NT}/A_{0,HT}$.)

Mit diesen Festlegungen ist über die Gln. (8.15a, b, c) die zu erwartende Leistungsdifferenz zwischen dem realen WWK-Prozess nach Abb. 8.21 (links), und dem modellhaft zergliederten Prozess nach Abb. 8.21 (rechts) angebbar:

$$\Delta P = P - (P_{0,HT} + P_{0,NT}). \qquad (8.15d)$$

Es kann erwartet werden, dass diese Leistungsdifferenz ΔP, bedingt durch Irreversibilitätsvermeidung, positiv ausfallen wird, wie an gerechneten Beispielfällen noch aufgezeigt wird. Aus thermodynamischer Sicht stellt dies eine wesentliche Motivation für diesen Prozesstyp dar.

Im Sinne des Verursacherprinzips ist die Leistungsdifferenz ΔP nach Gl. (8.15d) der (additiven) Niedertemperaturwärme gutzuschreiben. Eine davon abweichende, z. B. hälftige Aufteilung der Leistungsdifferenz auf die Hoch- und Niedertemperaturwärme könnte aus energiewirtschaftlicher Sicht vertretbar sein, wäre thermodynamisch jedoch nicht begründet.

Definition der Arbeitszahl AZ:

Unter der Arbeitszahl (in Analogie zur Heizzahl bei der KWK) wird das Verhältnis von anteiliger Leistung zur eingesetzten Wärme verstanden; sie hat den Charakter eines partiellen thermischen Wirkungsgrades.

Für die Niedertemperaturwärme $\dot{Q}_{zu,NT}$ gilt:

$$AZ_{NT} = P_{NT}/\dot{Q}_{zu,NT} = (P_{0,NT} + \Delta P)/\dot{Q}_{zu,NT}. \qquad (8.16a)$$

Die Leistungsdifferenz ΔP nach Gl. (8.15d) ist, wie vorstehend gefordert, in voller Höhe in die Arbeitszahl der Niedertemperaturwärme eingerechnet.

Für die Hochtemperaturwärme $\dot{Q}_{zu,HT}$ gilt dementsprechend:

$$AZ_{HT} = P_{HT}/\dot{Q}_{zu,HT} = (P - P_{NT})/\dot{Q}_{zu,HT}. \qquad (8.16b)$$

Die verbleibende Leistung (P-P_{NT}) ist der Hochtemperaturwärme zugeordnet. Die Arbeitszahl AZ_{HT} ist identisch dem Referenzwirkungsgrad $\eta_{th,0,HT}$ nach Gl. (8.15b) für die alleinigen Wandlung der Hochtemperaturwärme in mechanische Leistung.

Definition der Koppelzahl KZ:

Die Koppelzahl KZ des WWK-Prozesses soll anzeigen, ob durch die gleichzeitige Verwertung von Hoch- und Niedertemperaturwärme in einem System Vorteile gegenüber der getrennten Verwertung in zwei Systemen auftreten. Für KZ>1 sind Vorteile, für KZ<1 sind Nachteile erkennbar, für KZ=1 liegen indifferente Verhältnisse vor.

$$KZ = (P_{0,NT} + \Delta P)/P_{0,NT} \:. \qquad (8.17)$$

Die Koppelzahl nach Gl. (8.17) ist hierbei, was allein Sinn gibt, an die Verwertung der Niedertemperaturwärme ($\alpha > 0$) festgemacht.

Gemäß den vorstehenden Gleichungen hängen die Arbeitszahl AZ_{NT} und die Koppelzahl KZ wie folgt zusammen:

$$AZ_{NT} = \eta_{th,0,NT} \cdot KZ \:. \qquad (8.18)$$

Bei einer Koppelzahl von KZ=1 entspricht demnach die Arbeitszahl der Niedertemperaturwärme dem thermischen Wirkungsgrad für die separate Wandlung der Niedertemperaturwärme im modellhaften Vergleichsprozess nach Abb. 8.21 (rechts).

8.2.1.1a   Exemplarische Anwendung:
Dampfkraftprozess mit Einkopplung von Niedertemperaturwärme

Das nachfolgend behandelte Beispiel erfülle die Voraussetzung dieser Bewertungsmethode. Die Niedertemperaturwärme wird additiv eingesetzt, sie ist somit nicht grundsätzliche Voraussetzung für die Prozessdurchführung. Dann liefert der Prozessbetrieb mit alleinigem Einsatz der Hochtemperaturwärme die geforderte Eigenreferenz für die Lösung des Bewertungsproblems.

Thermodynamik der Koppelprozesse 183

Es wird die Testschaltung herangezogen, die bereits für den KWK-Fall vorgestellt wurde, Abb. 8.3. Die Schaltungsergänzung zum WWK-Prozess ist in Abb. 8.22 angegeben. Ein Teilstrom des Speisewassers $\dot{m}_{NT}$ wird über eine eigene Pumpe dem Speisewasserbehälter entzogen, im Wärmetauscher durch Zufuhr des Niedertemperaturwärmestroms $\dot{Q}_{zu,NT}$ verdampft und in den Prozess zurückgeführt. Der so erzeugte Zusatzdampf soll den identischen Zustand des HD-Entnahmedampfes haben, so dass über die Zumischung im hier betrachteten Beispiel keine zusätzliche Entropieerzeugung unterstellt werden muss. Im Effekt wird die Leistungsabgabe der Dampfturbine durch einen verminderten Entnahmestrom zur Speisewasservorwärmung angehoben. Der thermische Wirkungsgrad nach Gl. (8.16a) wird hingegen gesenkt, da sich das in den Prozess eingebrachte spezifische thermodynamische Potential der Zuwärme

$$\dot{Q}_{zu} = \dot{Q}_{zu,HT}(T_{m,HT}) + \dot{Q}_{NT}(T_{m,NT})$$

im Vergleich zur allein eingebrachten Hochtemperaturwärme verringert.

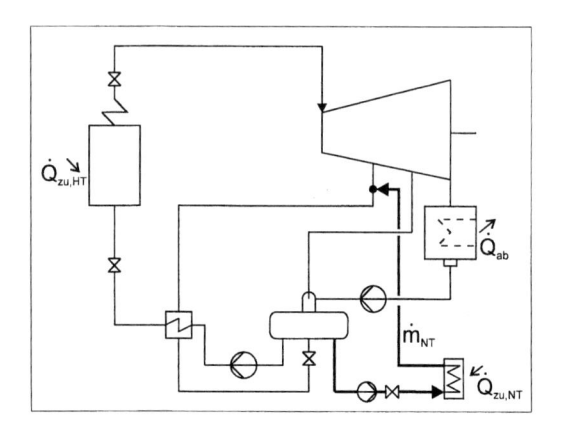

Abb. 8.22 Testschaltung des Dampfkraftprozesses mit WWK

Das Ergebnis der Prozessberechnung für die Prozessfälle mit $\alpha=0$ und $\alpha=0,1$ und den Hauptdaten:

$p_{max}=60$ bar; $\vartheta_{max}=500°C$; $p_{kon}=0,05$ bar, $\eta_{ST}=0,85$ und optimierten Dampfentnahmedrücken

ist in Abb. 8.23 angegeben. Der Fall ohne Einsatz von Niedertemperaturwärme ($\alpha=0$; Eigenreferenzfall) führt zu einem thermischen Wirkungsgrad von

$\eta_{th,0}$=0,3789. Bei Einsatz von Niedertemperaturwärme (α=0,1) sinkt der Wirkungsgrad auf η_{th}=0,3699. Die zugeordneten Carnotfaktoren A_0 und A, die diesen Wirkungsgradabfall begründen, sind in Abb. 8.23 mit angegeben.

Die Irreversibilitätselemente für den Fall mit α=0,1 sind gegenüber dem Eigenreferenzfall mit α=0 geringfügig reduziert. Da die Verschaltung der Niedertemperaturwärme im gewählten Beispiel nur wenig auf den Ausgangsprozess rückwirkt, ist der diesbezüglich Einfluss auf das Irreversibilitätsprofil erwartungsgemäß klein. Es ist jedoch festzuhalten, dass ein Irreversibilitätsabbau durch die Einkopplung von Niedertemperaturwärme an geeigneter Systemstelle grundsätzlich möglich und auch erstrebenswert ist.

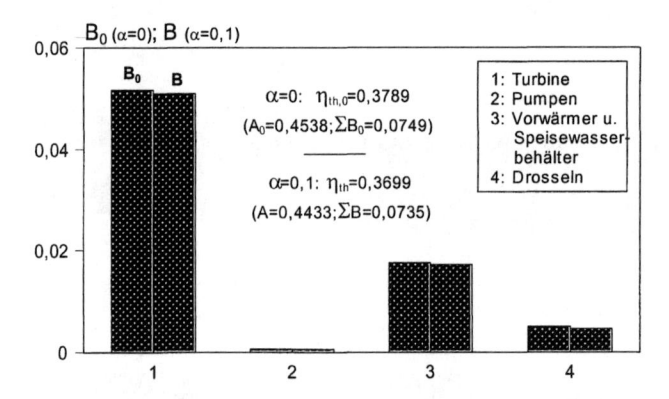

Abb. 8.23 Irreversibilitätsprofil ohne und mit Einsatz von Niedertemperaturwärme

Die Zuordnung der anteiligen Leistung zum Hoch- und Niedertemperaturwärmestrom wird über die Arbeitszahlen AZ_{NT} und AZ_{HT} nach Gl. (8.16) erfasst. In den Abbildungen 8.24 und 8.25 sind diese Zahlen bei

    variablem Kondensatordruck p_{kon}

und

    variablem Turbinenwirkungsgrad η_{ST}

für den Fall mit α=0,1 angegeben.

Die Arbeitszahl der Niedertemperaturwärme $AZ_{NT} = P_{NT} / \dot{Q}_{zu,NT}$ wird in gleicher Weise wie die Arbeitszahl der Hochtemperaturwärme $AZ_{HT} = P_{HT} / \dot{Q}_{zu,NT}$ angehoben, wenn sich die Prozessrandbedingungen (hier über p_{kon} u. η_{ST})

Thermodynamik der Koppelprozesse 185

verbessern; dies ist selbsterklärend. In Abb. 8.24 ist zusätzlich der thermische Wirkungsgrad der ungekoppelten Wandlung der Niedertemperaturwärme $\eta_{th,0,NT}$ nach Abb. 8.21 (rechts) mit angegeben. Im Vergleich zur Arbeitszahl AZ_{NT} zeigt sich der thermodynamische Erfolg der gekoppelten Verwertung.

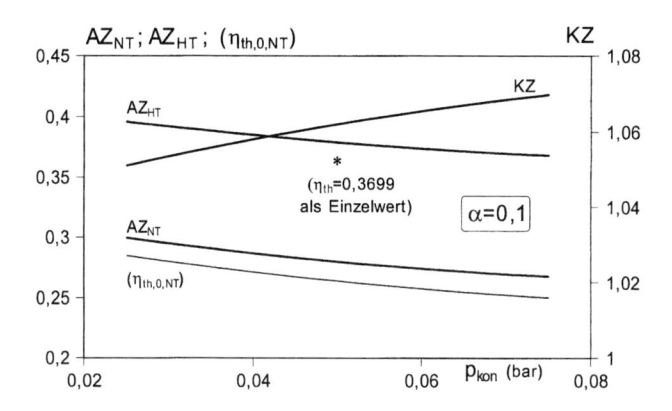

Abb. 8.24 Arbeits- und Koppelzahl bei variablem Kondensatordruck

Wie aus Abb. 8.24 ersichtlich, muss im Regelfall gelten: $AZ_{HT} > \eta_{th} > AZ_{NT}$.

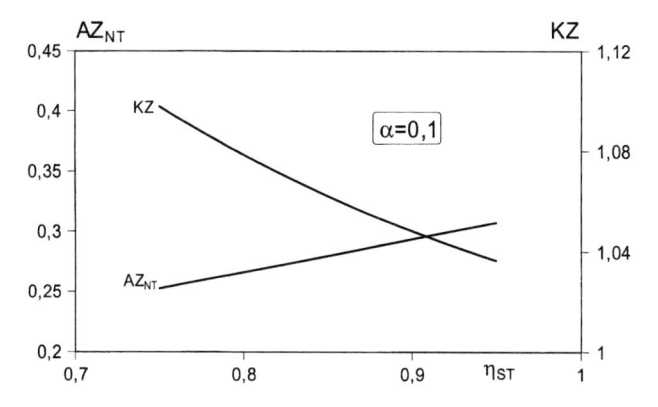

Abb. 8.25 Arbeits- und Koppelzahl bei variablem Turbinenwirkungsgrad

Die Entwicklung der zugehörigen Koppelzahlen KZ nach Gl. (8.17) ist in den Abbildungen 8.24 u. 8.25 mit angegeben. Je schlechter die Randbedingungen des Prozesses sind, desto mehr Irreversibilität kann grundsätzlich durch Kopplung abgebaut werden. Dies lässt sich über den dann angehobenen Wert der Koppelzahl KZ quantifizieren.

Vergleichbar zur KWK nach Abschn. 8.1.1.1a lässt sich auch für die WWK folgendes festhalten: Es kann sinnvoll sein, additive Niedertemperaturwärme bevorzugt in weniger effizienten Kraftwerksblöcken mit einer dann voraussichtlich höheren Koppelzahl zu „verarbeiten".

Thermodynamisches Intermezzo Nr. 10

Lukrez (um 99 v. Chr. - 55 v. Chr.)

Warum ist Brunnenwasser im Sommer kälter?

Ferner zur Sommerzeit wird kälter das Wasser der Brunnen,
Weil durch die Hitze die Erde sich lockert und Wärmeatome,
Die sie besitzt, an die Luft auf das schleunigste abgibt.
Also je stärker der Boden infolge der Hitze geschwächt wird,
Kühlt auch das Wasser sich ab, das sich birgt im Innern der Erde.
Wird sie dagegen vom Frost dann wieder zusammengeschoben
Und wächst gleichsam zusammen, so drückt sie natürlich die Wärme,
Die sie noch besitzt, zurück in die Schächte der Brunnen.

Aus: ***Über die Natur der Dinge***

(Der Text folgt der Übertragung durch Hermann Diels, die 1924 (posthum) herausgegeben wurde.)

Thermodynamik der Koppelprozesse 187

8.2.1.2 Bewertungsmethode „Zerlegung in virtuelle Teilprozesse"

Es wird die in Abschn. 8.1.1.3 bereits für KWK-Prozesse vorgestellte Methode auf WWK-Prozesse angewendet, siehe auch [20]. Über die Zerlegung in virtuelle Teilprozesse für die Wandlung der Hoch- und der Niedertemperaturwärme kann jeder Zuwärme die gewandelte Arbeit zugeordnet werden. Diese Methode bietet sich immer dann an, wenn der Prozess ohne den Einsatz der Niedertemperaturwärme nicht betreibbar ist und daher eine Eigenreferenz über den Betriebsfall mit $\alpha=0$ nicht gefunden wird.

In Abb. 8.26 sind links der WWK-Fall allgemein und rechts die Zerlegung in virtuelle Teilprozesse dargestellt. Die virtuellen Teilprozesse sind dann über thermische Wirkungsgrade zu bewerten, die den Arbeitszahlen

$$AZ_{HT} = P_{HT} / \dot{Q}_{zu,HT} \text{ und } AZ_{NT} = P_{NT} / \dot{Q}_{zu,NT}$$

nach Gl. (8.16) entsprechen.

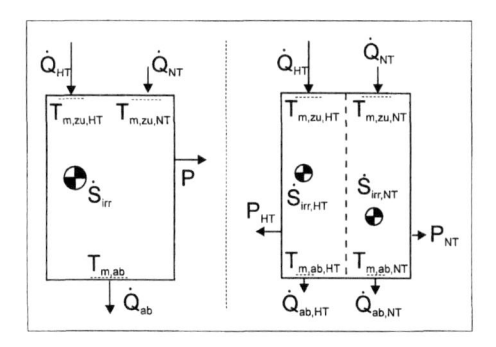

Abb. 8.26 Zerlegung des WWK-Prozesses in Teilprozesse

Die thermischen Wirkungsgrade der Teilprozesse ergeben sich aus den Angaben in Abb. 8.26:

$$\eta_{th,HT} = AZ_{HT} = P_{HT} / \dot{Q}_{HT} = A_{HT} - \sum B_{HT,i}$$
$$\eta_{th,NT} = AZ_{NT} = P_{NT} / \dot{Q}_{NT} = A_{NT} - \sum B_{NT,i}.$$

Es muss aus Übereinstimmungsgründen gelten:

$$P_{HT} + P_{NT} = P \; ; \; \dot{Q}_{ab,HT} + \dot{Q}_{ab,NT} = \dot{Q}_{ab} \; ; \; \dot{S}_{irr,HT} + \dot{S}_{irr,NT} = \dot{S}_{irr}.$$

In die Carnot-Faktoren

$$A_{HT} = 1 - T_{m,ab,HT} / T_{m,zu,HT} \quad \text{und} \quad A_{NT} = 1 - T_{m,ab,NT} / T_{m,zu,NT}$$

gehen im Grundsatz unterschiedliche Abwärmetemperaturen $T_{m,ab,HT}$ und $T_{m,ab,NT}$ ein, die jedoch in den meisten Fällen, wie bereits in Abschn. 8.2.1.1 angeführt, identisch sein werden: $T_{m,ab,HT} = T_{m,ab,NT} = T_{m,ab}$. Auf jeden Fall muss die Höhe des Entropietransportstroms über Abwärme auch bei der Zerlegung in Teilprozesse unverändert bleiben:

$$\dot{Q}_{ab,HT} / T_{m,ab,HT} + \dot{Q}_{ab,NT} / T_{m,ab,NT} = \dot{Q}_{ab} / T_{m,ab}.$$

Diese Bedingung kann ggf. zu angepassten Abwärmetemperaturen der virtuellen Teilprozesse führen.

Eine thermodynamisch gerechte Aufteilung des Entropieerzeugungsstroms $\dot{S}_{irr}$ auf die Teilprozesse, die in die Berechnung der Irreversibilitätselemente $B_{HT,i}$ und $B_{NT,i}$ eingehen, wird immer möglich sein. Wie in Abschn. 8.1.1.3 für den KWK-Fall bereits dargestellt, ist eine prozessnahe Zuordnung anzustreben. Eine Globalzuordnung nach dem Ansatz

$$\dot{S}_{irr,NT} / \dot{S}_{irr,HT} = (A_{NT} \cdot \dot{Q}_{NT}) / (A_{HT} \cdot \dot{Q}_{HT}) = \alpha \cdot A_{NT} / A_{HT}$$

ist jedoch bei unübersichtlichem Prozessgeschehen aufgrund fehlender Informationen thermodynamisch vertretbar.

8.2.1.2a Exemplarische Anwendung:
GuD-Prozess mit Einkopplung von Niedertemperaturwärme

Das folgende WWK-Beispiel wird nach der Methode der *„Zerlegung in virtuelle Teilprozesse"* bewertet. Diese Methode biete sich hier zwingend an, da eine Eigenreferenz über die Betriebsweise mit ausschließlichem Einsatz von Hochtemperaturwärme nicht angebbar ist.

In Abb. 8.27 ist der Sonderfall eines GuD-Prozesses dargestellt. In der Gasturbinenbrennkammer wird Erdgas oder -öl eingesetzt; dieser Brennstoffstrom wird vereinfachend als zugeführter Hochtemperaturwärmestrom $\dot{Q}_{HT}$ interpretiert. Im Abhitzedampferzeuger AHDE wird die Abwärme des GT-Prozesses an den Wasser/Dampfkreislauf übertragen, wobei diese nur zur Dampfüberhitzung und anteiliger Speisewasservorwärmung genutzt wird. Die Wärme zur Restvorwärmung und Verdampfung des Wassers wird durch Einsatz eines niederwertigen Brennstoffs (z. B. Biomasse) über die Niedertemperaturwärme $\dot{Q}_{NT}$ in einer eigenen Kesseleinheit aufgebracht. Über diesen Prozess wird in [20, 21] berichtet. Die strikte Trennung der Rauchgaswege für beide Brennstoffe hat zu einen den anlagentechnischen Vorteile, die Rauchgasreinigung für den niederwertigen Brennstoff spezifisch gestalten zu können, zum anderen den thermodynamischen Vorteil, die Irreversibilität durch Wärmetransport im Abhitzekesses (AHDE) zu reduzieren. Dies wird in Abb. 8.28 verdeutlicht.

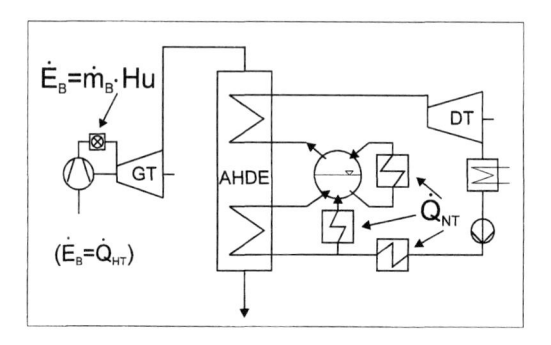

Abb. 8.27 Schaltung des GuD-Prozesses mit WWK

Die Schaltung ermöglicht über eine Einstellung der Massenströme auf der Wasser/Dampf-Seite einen weitgehend parallelen Temperaturgang der Stoffströme im AHDE. Die auf diese Weise vermiedene Irreversibilität wird in den Anlagenbereich des niederwertigen Brennstoffs ($\dot{Q}_{NT}$) verlagert. Die Kompensation dieser Irreversibilität erfolgt somit durch einen entsprechenden Mehreinsatz von niederwertigem Brennstoff; ein entsprechender Mehreinsatz von hochwertigem Brennstoff wird somit vermieden.

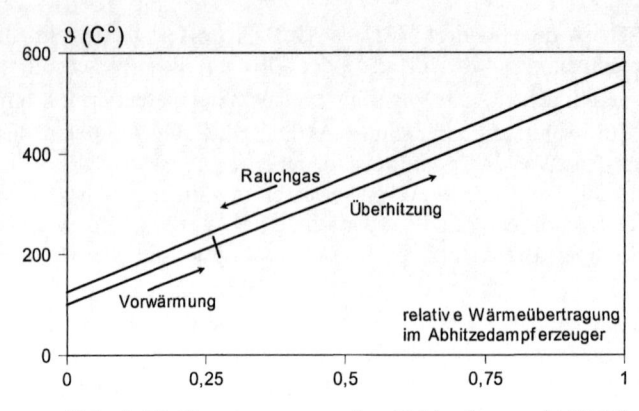

Abb. 8.28 Temperaturgang im Abhitzekesses (AHDE)

Zur Berechnung des virtuellen Teilprozesses für die Wandlung der Niedertemperaturwärme $\dot{Q}_{NT}$ in die Leistung P_{NT} nach Abschn. 8.2.1.2 sind folgende naheliegende Festlegungen zu treffen:

Die Abwärmetemperatur $T_{m,ab,NT}$ wird gleich der Kondensationstemperatur im Kondensator T_{kon} gesetzt.

Die Entropieerzeugung im Wasserdampfkreislauf wird proportional der übertragenen und über den Carnotfaktor bewerteten Wärmen aufgeteilt:

$$\dot{S}_{irr,i,NT} / \dot{S}_{irr,i,HT} = (A_{NT} \cdot \dot{Q}_{NT}) / ((1 - T_{kon} / T_{m,AHDE}) \cdot \dot{Q}_{AHDE}).$$

Die Entropieerzeugung im Gasturbinensystem und im Abhitzekessel wird vollständig der Energieumsetzung der Hochtemperaturwärme zugeordnet.

Es ist nun möglich, den thermischen Wirkungsgrad der Wandlung von $\dot{Q}_{NT}$ und damit die Arbeitszahl AZ_{NT} zu berechnen und damit die gewandelte Leistung P_{NT}. Über dieses Ergebnis ist dann auch der thermische Wirkungsgrad für $\dot{Q}_{HT}$ festgelegt. In Abb. 8.29 wird das Rechenergebnis eines realistischen Datenfalls aus [21] wiedergegeben:

$$\eta_{th,NT} = AZ_{NT} = 32{,}95\%; \quad \eta_{th,HT} = AZ_{HT} = 58{,}24\%.$$

Thermodynamik der Koppelprozesse 191

Der thermische Wirkungsgrad für den Gesamtprozess beträgt:

$$\eta_{th} = \sum P / \sum \dot{Q}_{zu} = 46{,}3\% < \eta_{th,HT}.$$

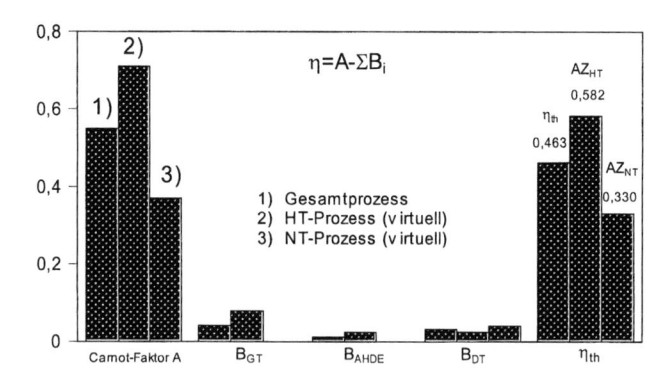

Abb. 8.29 Thermodynamische Bewertung des GuD-Prozesses mit WWK

Über die Arbeitszahlen AZ_{NT} und AZ_{HT} ist eine thermodynamisch gerechte Bewertung der zugeführten Wärmeströme im WWK-Prozess möglich. Die Methode liefert eine vollständige Prozessinformation sowohl über den Gesamtwirkungsgrad der hier betrachteten GuD-Anlage als auch über die thermodynamischen Prozessbedingungen der gekoppelten Wandlung von Hoch- und Niedertemperaturwärme. Damit liegen die thermodynamischen Basisdaten vor, anhand deren die Effizienz des WWK-Prozesses hinterfragt werden kann. Neben einer Verbesserung des Gesamtwirkungsgrades ist bei vorgegebenem Wämeverhältnis α immer eine hohe Arbeitszahl AZ_{HT}, im Regelfall auf Kosten einer abgesenkten Arbeitszahl AZ_{NT}, anzustreben.

8.3 Zusammenfassung

Die Kraft-Wärmekopplung (KWK) wie auch die Wärme-Wärme-Kraftkopplung (WWK) sind im Regelfall so zu gestalten, dass sich Effizienzvorteile im Vergleich zum nichtgekoppelten Prozess ergeben. Diese aufzudecken, ist über eine Kreisprozessrechnung grundsätzlich leicht möglich. Das eigentliche Problem, das als ein klassisches Problem der Thermodynamik bezeichnet werden kann, ist jedoch ein anderes: Die Zuordnung der Eingangsenergien

(Antriebsenergien) zu den Zielenergien. Nur über eine gerechte Zuordnung kann der Wert der Eingangsenergien im Prozesskontext ermittelt werden. Hier sind viele Lösungsansätze bekannt, die jedoch nicht immer thermodynamisch befriedigen.

Die Lösung dieses Problems erfolgt hier über die Entropiemethode gemäß Abschn. 5 mit entsprechenden prozessspezifischen Anpassungen. Insbesondere sind die Einzelirreversibilitäten im System zu ermitteln und diese den gekoppelten Energieströmen nach thermodynamischen Kriterien gerecht zuzuordnen. Der Systembezug ist streng zu wahren.

Zwei Bewertungsmethoden werden vorgestellt und an Beispielen überprüft: Die „Methode der Eigenreferenz" und die „Methode der Aufteilung in virtuelle Teilprozesse". Erstere ist dann zu wählen, wenn sich der Koppelprozess über eine Grenzbetrachtung in den ungekoppelten Grundprozess überführen lässt, und sich so die Eigenreferenz schafft. Die zweite Methode bietet sich an, wenn der zu untersuchende Prozess nur mit weitgehend starrer Kopplung betrieben werden kann und somit keine Eigenreferenz liefert.

Die hier angestellten Prozessbewertungen sind thermodynamisch motiviert und insoweit objektiv. Die üblicherweise in der Praxis herangezogenen energiewirtschaftlichen Bewertungsmethoden, die vorrangig den Gegebenheiten des Energiemarktes Rechnung tragen müssen, sind damit nicht in Frage gestellt; jede Bewertungsmethode sollte jedoch grundsätzlich einer Kritik aus thermodynamischem Blickwinkel standhalten.

Thermodynamisches Intermezzo Nr. 11

René Decartes (1596 - 1650)

....

Wir erkennen auch die Unmöglichkeit, dass ein Atom oder Stoffteil seiner Natur nach untheilbar sei. Denn da, wenn es Atome giebt, sie ausgedehnt sein müssen, so können wir, mögen sie auch noch so klein gedacht werden, das einzelne Atom doch in Gedanken in zwei oder mehr kleinere theilen und daraus eine Theilbarkeit abnehmen. Denn was in Gedanken getheilt werden kann, ist auch theilbar; wollten wir es also für untheilbar halten, so widerspräche dies der eigenen Erkenntnis.

....

Aus: *Prinzipien der Philosophie*

(Text nach der Übersetzung durch J. H. von Kirchmann, 1870)

Literaturverzeichnis

[1] Baehr, H. D.: Thermodynamik, 10. Auflage. Verlag Springer, Berlin 2000

[2] Elsner, N.; Dittmann, A.: Grundlagen der Technischen Thermodynamik. Akademie Verlag, Berlin 1993

[3] Fratzscher, W.; Brodjanskij, V. M.; Michalek, K.: Exergie. VEB Deutscher Verlag für Grundstoffindustrie, Leipzig 1986

[4] Baehr, H. D.: Thermodynamik, 3. Aufl., S. 121. Verlag Springer, Berlin 1973

[5] Stephan, K.; Mayinger, F.: Thermodynamik, 12. Aufl., S 163 – 169. Verlag Springer, Berlin 1986

[6] Elsner, N.: Zur Entwicklung des Exergiebegriffs in der Technischen Thermodynamik – eine historische Betrachtung. Brennst.-Wärme-Kraft 45 (1993) Nr. 7/8

[7] Ahrendts, J.: Die Exergie chemisch reaktionsfähiger Systeme. VDI-Forschungsheft 579, VDI-Verlag, Düsseldorf 1977

[8] Traupel, W.: Die Grundlagen der Thermodynamik. Verlag G. Braun, Karlsruhe 1971

[9] Szargut, J. u. a.: Exergie Analysis of Thermel, Chemical, and Metallurgical Prozesses. Verlag Springer, Berlin 1988

[10] Ahern, J. E.: The Exergy Method of Energy Systems Analysis. Verlag John Wiley & Sons, New York 1980

[11] Kotas, T. J.: The Exergy Method of Thermal Plant Analysis. Verlag Butterworths, London 1985

[12] Grassmann, P.: Energie und Exergie; Aufspüren der Verluste durch Exergiebilanzen. vt „verfahrenstechnik" 13 (1979) Nr. 1

[13] Bosnjakovic, F.: Technische Thermodynamik, Teil 1. VEB Deutscher Verlag für Grundstoffindustrie, Leipzig 1986

[14] Baehr, H. D.: Thermodynamik, 6. Auflage. Verlag Springer, Berlin 1988

[15] Brandt, F.: Brennstoffe und Verbrennungsrechnung. Vulkan-Verlag, Essen 1991

[16] Linnhoff, B; Lenz, W.: Wärmeintegration und Prozessoptimierung. Chem.-Ing.-Tech. 59 (1987) Nr. 11

[17] Franke, U.: Gasturbinenkonzepte mit Wassereinsatz. VGB Kraftwerkstechnik 73 (1993) Nr. 2

[18] Baehr, H. D.: Zur Thermodynamik des Heizens. Brennst.-Wärme-Kraft 32 (1980) Nr. 2

[19] Baehr, H. D.: Wirkungsgrad und Heizzahl zur energetischen Bewertung der Kraft-Wärme-Kopplung. VGB-Kongress „Kraftwerke 1985", S. 332/337. VGB Kraftwerkstechnik 1986

[20] Tuschy, I.: Thermische Hybridkraftwerke zur Krafterzeugung aus Niedertemperaturwärme. Fortschr.-Ber. VDI Reihe 6 Nr. 465. VDI Verlag, Düsseldorf 2001

[21] Tuschy, I.; Franke, U.: Thermische Hybridkraftwerke. Brennst.-Wärme-Kraft 54 (2002) Nr. 7/8

Aufsätze des Verfassers zur Thematik dieses Buches:

Thermodynamische Effizienzanalyse am Beispiel von Kombiprozessen.
Brennst.-Wärme-Kraft 46 (1995) Nr. 6

Wärmeauskopplung aus Kondensationsblöcken - eine thermodynamische Analyse. Brennst.-Wärme-Kraft 46 (1994) Nr. 9

Thermodynamische Modellierung der adiabaten Verbrennung.
Brennst.-Wärme-Kraft 47 (1995) Nr. 7/8

Die effizienz- und leistungsbezogene Prozessanalyse als Ingenieurhilfsmittel.
Brennst.-Wärme-Kraft 48 (1996) Nr. 6

Literaturverzeichnis

Zur thermodynamischen Bewertung des Koppelprodukts Wärme.
Euroheat & Power-Fernwärme international (1996) Nr. 1/2

Zur thermodynamischen Prozessoptimierung.
Brennst.-Wärme-Kraft 50 (1998) Nr. 1/2

Prozessbewertung ohne Exergie.
Internet-Bericht (1998) unter: www.fh-flensburg.de

Brennstoffeinfluss auf die Prozesseffizienz.
Brennst.-Wärme-Kraft 51 (1999) Nr. 3

Zur exergetischen Systematik von Brennstoffen.
Internet-Bericht (2003) unter www.fh-flensburg.de
